JN096657

設計技術シリーズ

回転機の電磁界解析

実用化技術と設計法

[著]

岐阜大学
河瀬 順洋

岐阜大学
山口　忠

名古屋工業大学
北川　亘

科学情報出版株式会社

まえがき

有限要素法が電動機の磁界解析に利用されて25年以上になる。そのあいだに、電子計算機は格段の進歩を遂げ、計算速度と使用メモリは桁違いに性能を向上した。同時に、プログラムの開発・実行環境も整えられ、個人においても並列計算プログラミングが行えるようになった。

有限要素法による磁界解析技術も発達し、解析の高速・高精度化はもとより、電気回路との連立や運動方程式との連成、後処理としての電磁力・トルクの計算や各種損失の計算など多岐にわたる計算が一般的に行われるようになり、磁界解析結果と熱伝導解析や応力解析をリンクさせたマルチフィジックス・シミュレーションが行われ、様々な分野にわたる連成解析が重要になっている。

一方、電動機自体も大きく進歩している。特に、ネオジム磁石の利用、PWMインバータだけでなく鉄心の非線形性を利用した埋込磁石構造同期電動機が開発された。小型化、高効率化、高性能化を実現するためには、局所的な鉄心の非線形を考慮できる数値シミュレーションは必須となっている。また、産業用だけでなくエアコン等の家電機器や電気自動車の動力としてこれらの電動機が用いられるようになると、最適化が重要なキーワードとなってくる。

以上のような背景のもと、現在、最適化手法は、基礎的検討や研究のための試用から実用的なレベルになっていると言えよう。

そこで、本書では、まず、有限要素法を用いた電動機の磁界解析の定式化から高速計算技法について述べるとともに、表面磁石構造同期電動機、埋込磁石構造同期電動機、さらには誘導電動機の解析事例を述べる。

次に、遺伝的アルゴリズムを用いた各種最適化法、さらに、群知能最適化、多段階最適化および多目的最適化の手法を体系的に述べている。

本書で述べた最適化法の有用性を示すために、表面磁石構造同期電動機のコギングトルクの低減を目的としたティース形状、段スキューの最適化に適用した事例や埋込磁石構造同期電動機のコギングトルクの低減、フラックスバリア等の非線形磁気回路の最適化に適用した事例を具体的に示し、本書で述べる最適設計法の実用性が高いことをわかりやすく述べる。

最後に、本書が電動機の設計開発に携わる研究者の基礎的な理論の会得から実機への応用法までの全域にわたり役立つものであると信じている。

目　次

まえがき

第1章　電磁界の有限要素法と実用化技術

第2章　最適設計法

第３章　各種電動機の特性解析

第４章　最適設計例

電磁界の有限要素法と実用化技術 ◁◁ 第1章

１－１．電磁界の有限要素法

ここでは、有限要素解析で用いられる磁界の基礎方程式について述べる。

１－１－１．静磁界の方程式

有限要素解析に用いる静磁界の方程式は、次式を基礎方程式として展開される。

$$\mathrm{rot}\boldsymbol{H}=\boldsymbol{J}_0$$ （アンペアの周回路の法則） ……………… (1-1)

$$\mathrm{div}\boldsymbol{B}=0$$ （磁束の連続性） ……………………………… (1-2)

ここで、$\boldsymbol{H}$ は磁界の強さ、$\boldsymbol{J}_0$ は外部から領域に流す電流の電流密度、$\boldsymbol{B}$ は磁束密度である。

なお、磁界の強さ $\boldsymbol{H}$ と磁束密度 $\boldsymbol{B}$ の間には次式が成り立つ。

$$B=\mu H=\frac{H}{\nu} \quad \cdots\cdots \quad (1\text{-}3)$$

ここで、μ は透磁率、ν は磁気抵抗率である。

(1-1) 式の右辺の電流密度 $\boldsymbol{J}_0$ は、巻数 n_c、断面積 S_c のコイルに流れる電流 I_0 によって次式で表すことができる。

$$J_0=\frac{n_c}{S_c}I_0\boldsymbol{n} \quad \cdots\cdots \quad (1\text{-}4)$$

ここで、$\boldsymbol{n}$ はコイルに沿った単位ベクトルである。

一般に、有限要素法による磁界解析では、磁束密度 $\boldsymbol{B}$ を未知数として直接方程式を解くのではなく、次式で表される磁気ベクトルポテンシャル $\boldsymbol{A}$ を未知数とする。

$$\boldsymbol{B}=\mathrm{rot}\boldsymbol{A} \quad \cdots\cdots \quad (1\text{-}5)$$

なぜなら、磁気ベクトルポテンシャルを用いることにより、ベクトル公式 $\mathrm{div}(\mathrm{rot}\boldsymbol{A})=0$ から、(1-2) 式が常に満たされるため、(1-2) 式を解くための計算量を減らすことができるからである。

(1-3) 式、(1-5) 式を (1-1) 式に代入すると、次式で示される静磁界の式が得られる。

$$\mathrm{rot}(\nu\,\mathrm{rot}\boldsymbol{A})=\boldsymbol{J}_0 \quad \cdots\cdots \quad (1\text{-}6)$$

１－１－２．永久磁石の取り扱い

永久磁石中の $\boldsymbol{B}$ と $\boldsymbol{H}$ には、次式の関係が成り立つ。

$$\boldsymbol{B}=\mu_0\boldsymbol{H}+\boldsymbol{M} \quad \cdots\cdots \quad (1\text{-}7)$$

ここで、μ_0 は真空の透磁率、$\boldsymbol{M}$ は磁石の磁化である。

永久磁石を有する領域を解析する場合、(1-7) 式を (1-1) 式に代入すると、

$$\mathrm{rot}\,\frac{1}{\mu_0}(\boldsymbol{B}-\boldsymbol{M})=\boldsymbol{J}_0 \quad \cdots\cdots \quad (1\text{-}8)$$

となることから、

$$\mathrm{rot}\,\nu_0(\mathrm{rot}\boldsymbol{A})=\boldsymbol{J}_0+\mathrm{rot}\,\nu_0\boldsymbol{M} \quad \cdots\cdots \quad (1\text{-}9)$$

が得られる。ここで、ν_0 は真空の磁気抵抗率である。

(1-9) 式を (1-6) 式と比較すると、永久磁石を有する領域を解析する場合、静磁界の方程式の右辺に磁化 $\boldsymbol{M}$ から算出される $\mathrm{rot}\,\nu_0\boldsymbol{M}$（この項は等価磁化電流と呼ばれる）を追加すればよいことがわかる。

１－１－３．渦電流の考慮

外部から解析領域に流れる（時間的に大きさが変化する）電流によって導体に渦電流が流れる場合、その渦電流密度を $\boldsymbol{J}_e$ とすると、$\boldsymbol{J}_e$ は次式で表すことができる。

$$\boldsymbol{J}_e=\sigma\boldsymbol{E} \quad \cdots\cdots \quad (1\text{-}10)$$

ここで、σ は導体の導電率、$\boldsymbol{E}$ は電界である。

電界 $\boldsymbol{E}$ は、ファラデーの電磁誘導の法則により次式が成り立つ。

$$\mathrm{rot}\,\boldsymbol{E}=-\frac{\partial B}{\partial t} \quad \text{（ファラデーの電磁誘導の法則）} \cdots\cdots \quad (1\text{-}11)$$

(1-11) 式の右辺を左辺に移行したものに対して (1-5) 式を代入すると、

$$\mathrm{rot}\left(\boldsymbol{E}+\frac{\partial \boldsymbol{A}}{\partial t}\right)=0 \quad \cdots\cdots (1\text{-}12)$$

となる。

任意のスカラー ϕ に対してベクトル公式 rot(grad ϕ)=0 が成り立つことから、(1-12) 式は次式のように表される。

$$\boldsymbol{E}+\frac{\partial \boldsymbol{A}}{\partial t}+\mathrm{grad}\phi=0 \quad \cdots\cdots (1\text{-}13)$$

ゆえに、

$$\boldsymbol{E}=-\frac{\partial \boldsymbol{A}}{\partial t}-\mathrm{grad}\phi \quad \cdots\cdots (1\text{-}14)$$

となる。このときの ϕ は、電位 (電気スカラポテンシャル) と呼ばれる。

(1-10) 式、(1-14) 式より、渦電流密度 $\boldsymbol{J}_e$ は次式で表される。

$$\boldsymbol{J}_e=-\sigma\left(\frac{\partial \boldsymbol{A}}{\partial t}+\mathrm{grad}\phi\right) \quad \cdots\cdots (1\text{-}15)$$

ゆえに、渦電流が流れる場合の磁界の方程式は次式となる。

$$\mathrm{rot}\,(\nu\,\mathrm{rot}\boldsymbol{A})=\boldsymbol{J}_0+\boldsymbol{J}_e=\boldsymbol{J}_0-\sigma\left(\frac{\partial \boldsymbol{A}}{\partial t}+\mathrm{grad}\phi\right) \quad \cdots\cdots (1\text{-}16)$$

ただし、右辺の時間微分項 ($\partial \boldsymbol{A}/\partial t$) は、ステップバイステップ法 (解析する期間を微小時間幅で区切り時間を追って計算する方法) を用いて計算する。この手法は $\boldsymbol{A}$-ϕ 法と呼ばれ、渦電流を解析する一般的な手法である。

(1-16) 式では $\boldsymbol{A}$ の他に ϕ が未知数として追加され、未知数に対して方程式の数が少なくなるため、このままでは方程式を解くことができない。そこで、次式に示す渦電流の連続を表す式を連立させることによって渦電流を含む磁界が解析できるようにする必要がある。

$$\mathrm{div}\boldsymbol{J}_e = \mathrm{div}\left\{-\sigma\left(\frac{\partial \boldsymbol{A}}{\partial t} + \mathrm{grad}\phi\right)\right\} = 0 \quad \cdots\cdots\cdots\cdots (1\text{-}17)$$

ただし、$\boldsymbol{A}$ は解析領域全体で定義されるのに対し、ϕ は導体内でのみ定義される。

後述の辺要素を用いて解析領域を離散化する場合、$\phi=0$ として解く（すなわち $\boldsymbol{A}$ だけで渦電流問題を解く）ことが可能である。これは $\boldsymbol{A}$ 法と呼ばれる。

$\boldsymbol{A}$-ϕ 法のほうが $\boldsymbol{A}$ 法より未知数が多い。しかし、辺要素を用いると、未知数が増加するにも関わらず $\boldsymbol{A}$ 法よりも $\boldsymbol{A}$-ϕ 法のほうが ICCG 法（不完全コレスキー分解付き共役勾配法：大次元の対称行列を係数行列とした多元連立一次方程式の反復解法）の収束性がよいことが報告されている[1)]。

１－１－４．電圧入力解析

一般の電気機器は電圧源に接続されて使用される。この場合、磁界の方程式は、電流 I_0 を未知として次式に示す電圧方程式と連立して解くことになる。

$$V_0 - RI_0 - \frac{d\Psi}{dt} - L\frac{dI_0}{dt} = 0 \quad \cdots\cdots\cdots\cdots (1\text{-}18)$$

ここで、V_0 は電源電圧、R はコイルの抵抗、$\boldsymbol{\Psi}$ はコイルに鎖交する磁束、L は解析領域外のインダクタンスである。

なお、鎖交磁束 $\boldsymbol{\Psi}$ は磁気ベクトルポテンシャル $\boldsymbol{A}$ を用いて次式で与えられる。

$$\boldsymbol{\Psi} = \frac{n_c}{S_c}\int_{V_c} \boldsymbol{A}\cdot\boldsymbol{n}dv \quad \cdots\cdots\cdots\cdots (1\text{-}19)$$

ここで、n_c はコイルの巻数、S_c はコイルの断面積、V_c はコイル領域、

$\boldsymbol{n}$ は電流の単位方向ベクトルである。

以上より、電圧入力解析では、(1-6) 式や (1-9) 式、(1-16) 式などの磁界の方程式と電流密度と電流の関係を示す (1-4) 式を (1-18) 式、(1-19) 式と連立し、電圧 V_0 を与えて磁界を解くこととなる。

1－1－5. 三相Y結線の考慮

電動機は三相電圧源で駆動されるものが多く、電動機内の三相コイルはY結線されているものが多い。そこで、電圧方程式を拡張する必要がある[2]。

図 1-1 に示すY接続回路を考えると、次式が成り立つ。

$$\left.\begin{aligned} V_{UV} - (R_U + R_V)I_1 + R_V I_2 + R_U I_3 - \frac{d\Psi_U}{dt} + \frac{d\Psi_V}{dt} = 0 \\ V_{VW} + R_V I_1 - (R_V + R_W)I_2 + R_W I_3 - \frac{d\Psi_V}{dt} + \frac{d\Psi_W}{dt} = 0 \\ V_{WU} + R_U I_1 + R_W I_2 - (R_W + R_U)I_3 - \frac{d\Psi_W}{dt} + \frac{d\Psi_U}{dt} = 0 \end{aligned}\right\} \quad \cdots (1\text{-}20)$$

ここで、V_{UV}、V_{VW}、V_{WU} は線間電圧、R_U、R_V、R_W は各相のコイル抵抗、$\boldsymbol{\Psi}_U$、$\boldsymbol{\Psi}_V$、$\boldsymbol{\Psi}_W$ は各相コイルの鎖交磁束数、I_1、I_2、I_3 は図 1-1 に示すループ電流である。

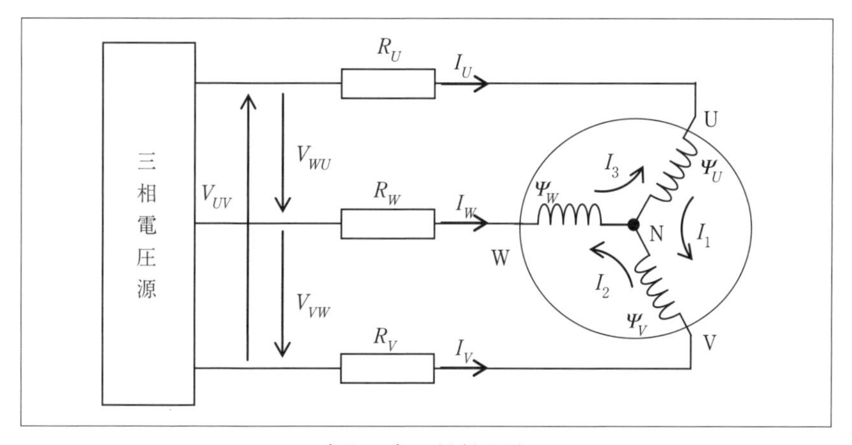

〔図 1-1〕Y接続回路

このとき、相電流 I_U、I_V、I_W は次式で与えられるので、

$$\left.\begin{aligned} I_U &= I_1 - I_3 \\ I_V &= I_2 - I_1 \\ I_W &= I_3 - I_2 \end{aligned}\right\} \quad \cdots\cdots (1\text{-}21)$$

中性点Nにおけるキルヒホッフの電流則（$I_U+I_V+I_W=0$）は自動的に満たされる。

１－２．有限要素法による定式化

１－２－１．三次元解析

三次元有限要素法において一次四面体辺要素と呼ばれる要素では、図1-2に示すように四面体の要素の各辺に磁気ベクトルポテンシャル $\boldsymbol{A}$ を、各節点に電気スカラポテンシャル ϕ を定義する。

辺 l に対する補間関数 $\boldsymbol{N}_l$ はベクトル補間関数となり、次式で表される。

$$\boldsymbol{N}_l = N_m \mathrm{grad} N_n - N_n \mathrm{grad} N_m \quad \cdots\cdots (1\text{-}22)$$

ここで、N_m、N_n はそれぞれ、辺 l の両端の節点 m、n における補間関数（体積座標）である。

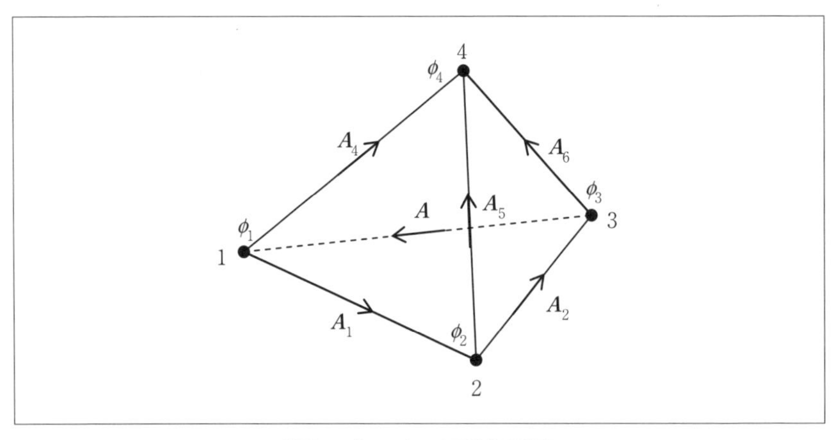

〔図 1-2〕一次四面体辺要素

このとき、要素 (e) 内の任意の点における磁気ベクトルポテンシャル $\boldsymbol{A}^{(e)}$ と電気スカラポテンシャル $\phi^{(e)}$ は次式で表される。

$$\boldsymbol{A}^{(e)}=\sum_{l=1}^{6}\boldsymbol{N}_l A_l\ ,\quad \phi^{(e)}=\sum_{m=1}^{4}N_m\phi_m \quad \cdots\cdots\cdots\cdots\cdots\cdots\cdots\cdots\cdots\ (1\text{-}23)$$

渦電流を考慮した電磁界の方程式（(1-16) 式、(1-17) 式）を $\boldsymbol{A}$-ϕ 法で解くとき、磁気ベクトルポテンシャルの補間関数 $\boldsymbol{N}_i$、電気スカラポテンシャルの補間関数 N_i を重み関数としてガラーキン法を適用すると、以下のような残差方程式を得る。

$$G_i=\int_V \mathrm{rot}\boldsymbol{N}_i\cdot(\nu\,\mathrm{rot}\boldsymbol{A})dv-\int_{V_c}\boldsymbol{N}_i\cdot\boldsymbol{J}_0 dv+\int_{V_c}\boldsymbol{N}_i\cdot\left\{\sigma\left(\frac{\partial\boldsymbol{A}}{\partial t}+\mathrm{grad}\phi\right)\right\}dv=0$$

$$G_{di}=\int_V \mathrm{grad}N_i\cdot\left\{\sigma\left(\frac{\partial\boldsymbol{A}}{\partial t}+\mathrm{grad}\phi\right)\right\}dv=0 \quad \cdots\ (1\text{-}24)$$

１－２－２. 二次元解析

二次元解析では、一般に $\boldsymbol{A}$ 法が用いられ、磁気ベクトルポテンシャル $\boldsymbol{A}$ のみが節点に定義される。また、二次元解析では、z 方向に対して磁束密度 $\boldsymbol{B}$ の変化がないことから、一次三角形要素を用いて解析領域を分割した場合、図 1-3 に示すように磁気ベクトルポテンシャル $\boldsymbol{A}$ と電流密度 $\boldsymbol{J}_0$ は z 方向成分のみを有することとなり、解くべき方程式は次

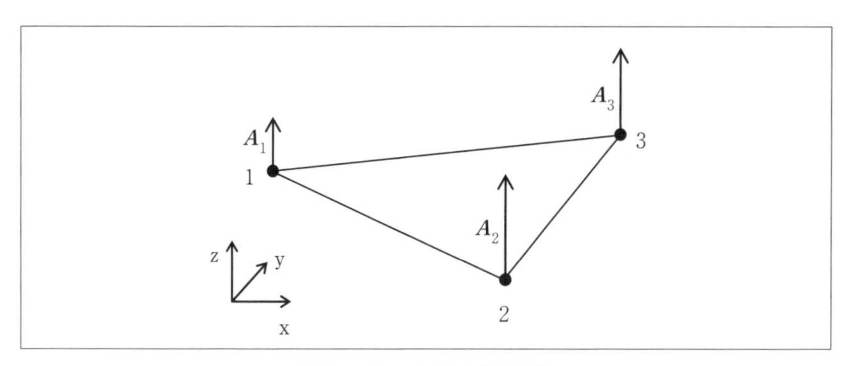

〔図 1-3〕一次三角形要素

式で表される。

$$\frac{\partial}{\partial x}\left(\nu\frac{\partial A}{\partial x}\right)+\frac{\partial}{\partial y}\left(\nu\frac{\partial A}{\partial y}\right)+J_0-\sigma\frac{\partial A}{\partial t}=0 \quad \cdots\cdots \text{(1-25)}$$

ここで、A は磁気ベクトルポテンシャルの z 方向成分、J_0 は電流密度の z 方向成分である。

要素 (e) 内の任意の点のポテンシャル $A^{(e)}$ は、節点 i の補間関数 N_i とポテンシャル A_i を用いて次式で表される。

$$A^{(e)}=\sum_{i=1}^{3}N_iA_i \quad \cdots\cdots \text{(1-26)}$$

(1-25) 式に (1-26) 式による離散化と、補間関数 N_i を重みとしたガラーキンの重み付き残差法を適用すると、次式が得られる[3)]。

$$G_i=\int_S N_i\cdot\left\{\frac{\partial}{\partial x}\left(\nu\frac{\partial A^{(e)}}{\partial x}\right)+\frac{\partial}{\partial y}\left(\nu\frac{\partial A^{(e)}}{\partial y}\right)+J_0{}^{(e)}-\sigma\frac{\partial A^{(e)}}{\partial t}\right\}ds=0 \quad \cdots \text{(1-27)}$$

ここで、S は解析領域、$J_0^{(e)}$ は要素 (e) の電流密度である。

(1-27) 式に部分積分を施した後、領域の境界を自然境界として取り扱うと、(1-27) 式は次式となる[3)]。

$$G_i=-\int_S\left\{\frac{\partial N_i}{\partial x}\left(\nu\frac{\partial A^{(e)}}{\partial x}\right)+\frac{\partial N_i}{\partial y}\left(\nu\frac{\partial A^{(e)}}{\partial y}\right)\right\}ds$$
$$+\int_{S_c}N_iJ_0{}^{(e)}ds-\sigma\int_{S_e}N_i\frac{\partial A^{(e)}}{\partial t}ds=0 \quad \cdots\cdots \text{(1-28)}$$

１－３．回転機解析のための実用化技術

ここでは、有限要素解析によって得られた結果を回転機解析に利用する、あるいは、回転機解析のために一般の有限要素解析に組み込まれた技術を紹介する。

1－3－1．トルクの計算法

磁性体に働く電磁力の計算法の１つに節点力法がある。節点力法は磁性体内の各節点に働く力の和を求めることにより、磁性体に働く力を計算する方法であり、次式で表される。

$$\boldsymbol{F} = \sum_{\Omega} \boldsymbol{F}_n \quad \cdots\cdots (1\text{-}29)$$

ここで、Ω は電磁力を求める磁性体の全領域、$\boldsymbol{F}_n$ は節点 n に働く電磁力であり、次式で表される。

$$\boldsymbol{F}_n = \int_{V_n} \left(T \mathrm{grad} N_n \right) dv \quad \cdots\cdots (1\text{-}30)$$

ここで、V_n は節点 n を含む要素の体積の総和、T はマクスウェルの応力テンソル、N_n は節点 n を含む一次四面体節点要素の補間関数である。

磁性体に働くトルク（回転力）T_m は、節点力法を用いて次式によって求められる[4]。

$$T_m = \sum_{\Omega} \left(\boldsymbol{F}_n \cdot \boldsymbol{\lambda} |\boldsymbol{r}| \right), \ \ \boldsymbol{\lambda} = \frac{\boldsymbol{R} \times \boldsymbol{r}}{|\boldsymbol{R} \times \boldsymbol{r}|} \quad \cdots\cdots (1\text{-}31)$$

ここで、$\boldsymbol{\lambda}$ は回転方向の単位ベクトル、$\boldsymbol{r}$ は回転軸からトルクの計算点に向かうベクトル、$\boldsymbol{R}$ は回転軸の方向ベクトルである（図 1-4 参照）。

1－3－2．回転子の回転方法

回転機の磁界解析では、回転子の回転に伴い、要素分割図を再構築す

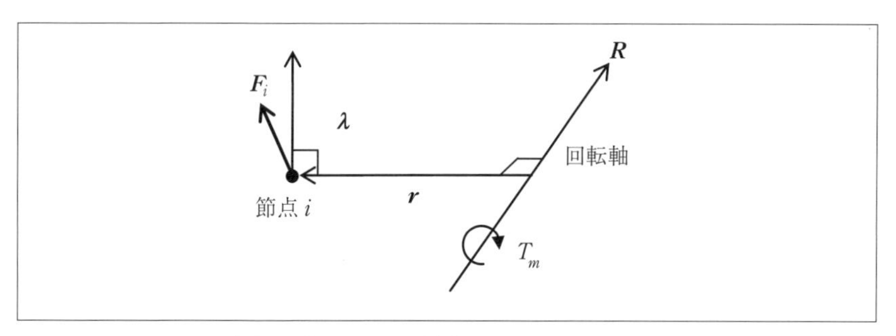

〔図 1-4〕トルクの計算に用いるベクトル

る必要がある。一般的には、次のようにして回転子の回転を実現する。

まず、基本となる要素分割を作成し、固定子側と回転子側に分離するために、固定子と回転子の間の空気中に均等間隔で配置された節点をもつ境界を用意する。回転子側の分割図の回転後、境界上の最も近い節点同士をつなぐことによって回転子の回転を表現した要素分割図が作成される[5)]。この場合、回転子の回転角度が、固定子側と回転子側を分離する境界上に均等間隔で配置された節点の幅（角度）の整数倍にならないと境界周辺の要素が歪むため、ステップバイステップで定速回転時の回転機の特性解析を行うために、時間刻み幅一定とするのではなく回転角度を一定として解析を進めるなどの工夫がされている。そのほかにも、自動分割図生成プログラムを用いて固定子と回転子の間の要素を再分割する方法や浮き節点を用いる方法[6)]がある。

１－３－３．鉄損の計算法

回転機の損失には、銅損、鉄損、漂遊負荷損、機械損がある。そのうち鉄損は、主に渦電流損とヒステリシス損からなり、磁界解析により得られた磁束密度や渦電流の分布から、一般に、次のようにして計算される。

導体に生じる渦電流の波形は磁性体の非線形性などから、正弦波ではなく歪み波となることから、高周波成分を含む渦電流の渦電流損 W_e は、解析で得られた渦電流密度ベクトル $\boldsymbol{J}_e$ を用いて、次式で求める。

$$W_e = \frac{1}{T}\int_0^T \left\{ \int_V \frac{\left|\boldsymbol{J}_e\right|^2}{\sigma} dV \right\} dt \quad \cdots\cdots (1\text{-}32)$$

ここで、T は周期、V は渦電流の流れる導体の領域（体積）である。

積層鋼板で発生する渦電流損を求めるには、積層鋼板中を流れる渦電流を精度よく求める必要があるが、この場合、１枚の鋼板を厚さ方向に十分に要素分割しないといけないので、磁界解析に多大な時間がかかり、実用的でない。このような場合には、磁束密度 $\boldsymbol{B}$ を用いて、次式による近似計算が提案されている[7)]。

$$W_e = \frac{K_e D}{2\pi^2} \int_V \sum_{i=1}^{N} \left\{ \left(\frac{B_r^{\ k+1} - B_r^{\ k}}{\Delta t} \right)^2 + \left(\frac{B_\theta^{\ k+1} - B_\theta^{\ k}}{\Delta t} \right)^2 + \left(\frac{B_z^{\ k+1} - B_z^{\ k}}{\Delta t} \right)^2 \right\} dV$$

…(1-33)

ここで、K_e はあらかじめ実験によって求めた渦電流損係数、D は積層鋼板の密度、V は渦電流の流れる導体の領域、Δt は時間刻み幅、N は1周期あたりのサンプリング回数、B_r^k、B_θ^k、B_z^k はそれぞれ1周期内の時系列 k ステップ目の磁束密度 $\boldsymbol{B}$ の径方向、周方向、軸方向成分である。

一方、ヒステリシス損 W_h に関しては、磁界解析においてマイナーループまで考慮した磁気ヒステリシス現象を追った解析を行うことが容易でないため、次式による近似計算が提案されている[7]。

$$W_h = \frac{K_h D}{T} \sum_{i=1}^{NE} \frac{\Delta V^i}{2} \left\{ \sum_{j=1}^{N_{pr}^{\ i}} \left(B_{mr}^{\ \ ij} \right)^2 + \sum_{j=1}^{N_{p\theta}^{\ i}} \left(B_{m\theta}^{\ \ ij} \right)^2 + \sum_{j=1}^{N_{pz}^{\ i}} \left(B_{mz}^{\ \ ij} \right)^2 \right\}$$

…(1-34)

ここで、K_h はあらかじめ実験によって求めたヒステリシス損係数、D は積層鋼板の密度、T は周期、NE は鉄心中の要素数、ΔV^i は i 番目の要素の体積、$N_{pr}^{\ i}$、$N_{p\theta}^{\ i}$、$N_{pz}^{\ i}$ はそれぞれ i 番目の要素における磁束密度の径方向、周方向、軸方向成分の時間変化に対する極大･極小値の個数、$B_{mr}^{\ ij}$、$B_{m\theta}^{\ ij}$、$B_{mz}^{\ ij}$ はメジャーおよびマイナーヒステリシスループの振幅である。

メジャーおよびマイナーヒステリシスループの振幅は、磁束密度波形の全極大・極小値より決定しており、この振幅の探索において、あるループにおける磁束密度の振幅の2乗が必ず2回加算されるので、(1-34)式では、これらの加算後、2で割っている。

１－４．高速化技術

三次元磁界解析は多大な時間を要するので、高速化が望まれており、様々な研究が進められている。

１－４－１．並列化手法

近年の計算機の発展と並列計算の開発・実行環境の発達により、いわゆる市販のパーソナル・コンピュータ（以下、PC と略記）でも並列計算プログラムの開発・実行が可能になっており、PC クラスタ（複数の PC を高速ネットワークを介して結合し、ひとまとまりとしたシステム：図 1-5 参照）を用いて回転機の三次元有限要素法による磁界解析の並列化が実現している。

PC クラスタを用いた並列計算システムは、いわゆる分散メモリ型並列計算システムの１つで、構築が容易であるとともに拡張性が高いという特徴を有する。各 PC がネットワークを介して並列計算を行う際、PC 間でメッセージ通信が必要となるが、現在は MPI（Message Passing Interface）と呼ばれる標準化された規格があり、ライブラリの形で様々な OS で利用可能となっている[8)]。

PC クラスタによる分散メモリ型並列計算システムでの電磁界の並列解析では、解析領域を複数の小領域に分割し、その小領域ごとに CPU を割り当てて並列計算を行う領域分割法[9)]が用いられる。それぞれの PC のメモリは割り当てられた小領域のデータのみを格納すればよいので、メモリを有効に利用でき、システム全体では、１台の PC では扱うことができない大規模な計算にも対応できる。

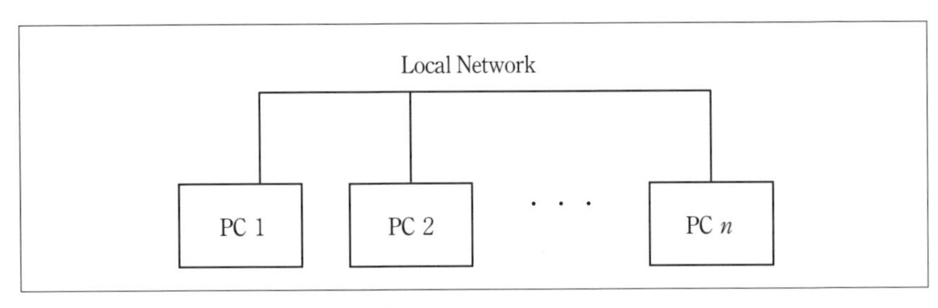

〔図 1-5〕PC クラスタ

小領域への分割の際に気をつけるべき点として、各PCへの均等な負荷の分散とPC間の通信量の削減があげられる。これらに対して十分な対策ができていないと並列計算による高速化に対してボトルネックになる。文献10) では、小領域の作成には、ミネソタ大学で開発されたマルチレベルグラフ理論に基づく領域分割ツールMETIS[11]が用いられ、連立一次方程式には、ブロックICCGを用いられている。さらに、文献10) では、ブロックICCG法の係数マトリクスを作成する際にPC間の通信をなくして高速化を図るため、オーバーラップ要素（隣接する複数の領域にまたがって設けられる同一要素）を用いて小領域を分割している。

回転機解析の動作特性解析では、回転子の回転に伴って時々刻々、要素分割が変化する。磁界解析の並列化において最適な領域分割は、回転子の回転後の要素分割に対して、METISによる領域分割を施すことである。ただし、このとき、ある時刻にある小領域に属していた要素が、次の時刻には先と異なる小領域に属する場合が生じる。そのため、渦電流問題を解くときなど、前の時刻のポテンシャルを必要とする場合には、領域分割を行う際に、前の時刻のポテンシャルを他の領域に引き継ぐ必要がある。

その他、回転機解析の並列化の実現のために、周期境界の考慮[9]や $\boldsymbol{A}$-ϕ 法への拡張[12]、電圧方程式の連立[13]など実用化に向けた様々な工夫がなされている。

１－４－２．簡易TP-EEC法

渦電流を考慮する場合や電圧源を用いる場合、電磁界の方程式の中に時間微分項が含まれるため、ステップバイステップ法による定常解析では、そのステップ計算において数値解析的な過渡現象が現れる。そのため、定常解を求めるために数周期分の計算を必要とし、解析時間が長くなる。この問題に対する有効な手法の１つとして、電磁界の半周期性（半周期先のポテンシャルが現在のポテンシャルの符号が反転したものと同値になる性質）を利用して数値解析的過渡を取り除く簡易TP-EEC法が提案されている[14]。回転機解析では、回転子側の磁界の周期性と固定子側の時間の周期性が異なるため、簡易TP-EEC法を応用して適用した例がいくつか報告されている[15),16)]。

１－４－３．バブルメッシュ法

解析精度は、要素の形状や要素分割の粗密だけでなく、粗密の分布に影響を受ける。そのため、高精度な解を求めるためには、節点をなめらかに配置する必要がある。バブルメッシュ法は、複数の節点に対して節点間の距離に応じて引力あるいは斥力が働くようにして節点を移動し、滑らかな節点の分布を求める方法である。

参考文献

1) K. Fujiwara, T. Nakata, and H. Ohashi: “Improvement of Convergence Characteristic of ICCG Method for the A-ϕ Method Using Edge Elements”, IEEE Trans. on Magnetics, Vol. 32, No. 3, pp.804-807 (1996)

2) T. Yamaguchi, Y. Kawase, S. Sano, H. Nagai, and M. Nakamura: “Induced voltage analysis of interior permanent magnet motor taking into account Y- or Δ-connected circuit using 3-D finite element method” , International Journal of Applied Electromagnetics and Mechanics, No.19, pp.69-73 (2004)

3) 中田高義・高橋則雄：「電気工学の有限要素法」（第２版），森北出版社（1986）

4) A. Kameari: “Local force calculation in 3D FEM with edge elements” , International Journal of Applied Electromagnetics in Materials, No. 3, pp.231-240 (1988)

5) Y. Kawase, T. Yamaguchi, and Y. Hayashi: “Analysis of Cogging Torque of Permanent Magnet Motor by 3-D Finite Element Method” , IEEE Trans. on Magnetics, Vol. 31, No. 3, pp.2044-2047 (1995)

6) 村松和弘，高橋則雄：「辺要素有限要素法における運動導体の取扱法の検討」，電気学会静止器・回転機合同研究会資料，SA-01-23/RM-01-91（2001）

7) 山崎克巳：「スロット高調波と回転磁界を考慮した回転機損失の算定法に関する検討」，電気学会静止器・回転機合同研究会資料，SA-01-32/RM-01-100（2001）

8) P. S. Pacheco: "Parallel programming with MPI" , Morgan Kaufmann Publishers (1997)
9) 奥田洋司，中島研吾：「並列有限要素解析 I- クラスタコンピューティング」，培風館（2004）
10) T. Nakano, Y. Kawase, T. Yamaguchi, M. Nakamura, N. Nishikawa, and H. Uehara: "Parallel Computing of Magnetic Field for Rotating Machines on the Earth Simulator" , IEEE Trans. on Magnetics, Vol. 46, No. 8, pp. 3273-3276 (2010)
11) G. Karypis and V. Kumar: "METIS, A Software Package for Partitioning Unstructured Graphs, Partitioning Meshes, and Computing Fill-Reducing Orderings of Sparse Matrices Version 5.1.0" , http://glaros.dtc.umn.edu/gkhome/fetch/sw/metis/manual.pdf (2013)
12) T. Nakano, Y. Kawase, T. Yamaguchi, and M. Nakamura: "Parallel Computing of 3-D Eddy Current Analysis with A-ϕ Method for Rotating Machines" , IEEE Trans. on Magnetics, Vol. 48, No. 2, pp. 975-978 (2012)
13) T. Nakano, Y. Kawase, T. Yamaguchi, Y. Sibayama, M. Nakamura, N. Nishikawa, and H. Uehara: "Parallel Computing of Magnetic Field Analysis of Rotating Machines Driven by Voltage Source on the Earth Simulator" , 電気学会論文誌 D, Vol. 131, No. 10, pp. 1212-1216 (2011)
14) Y. Takahashi, T. Tokumasu, A. Kameari, H. Kaimori, M. Fujita, T. Iwashita, and S. Wakao: "Convergence Acceleration of Time-Periodic Electromagnetic Field Analysis by Singularity Decomposition-Explicit Error Correction Method" , IEEE Trans. on Magnetics, Vol. 46, No. 8, pp. 2947-2950 (2010)
15) Y. Takahashi, H. Kaimori, A. Kameari, T. Tokumasu, M. Fujita, S. Wakao, T. Iwashita, K. Fujiwara, and Y. Ishihara: "Convergence Acceleration in Steady State Analysis of Synchronous Machines Using Time-Periodic Explicit Error Correction Method" , IEEE Trans. on Magnetics, Vol. 47, No. 5, pp. 1422-1425 (2011)
16) H. Katagiri, Y. Kawase, T. Yamaguchi, T. Tsuji, and Y. Shibayama:

"Improvement of Convergence Characteristics for Steady State Analysis of Motors with Simplified Singularity Decomposition-Explicit Error Correction Method" , IEEE Trans. on Magnetics, Vol. 47, No. 6, pp. 1786-1789 (2011)

最適設計法 ◁◁ 第2章

2－1．最適化手法

最適化とは、決められた設計・境界条件からその性能の最大限を得られるような構造を求める方法論である。構造最適化を大別すると、図2-1に示すように、寸法最適化、形状最適化、トポロジー（位相）最適化の3種類に大別できる。その中でも特にトポロジー最適化は最も自由度の高い手法として注目されており、その表現方法としてOn-Off法[1)]やレベルセット法[2)]などが主に用いられている。そのため、現在まで有限要素法およびこれら最適化手法に基づいてその構造体や機器の高性能化を図ってきた。しかし、厳密な意味での大域的最適解を得ることは一般的に不可能であり、また、それぞれの特性はトレードオフの関係を持ち合わせていることから、ユーザの要求を満たすような特性を見つけることは難しい。トレードオフの問題に関しては多目的最適化問題を考えることで解消することが可能である。複数の目的関数を同時に考慮しながら最適解の分布を探索するような最適化のことを多目的最適化と呼び、このときパレート最適解[3)]という概念が重要となる。パレート最適解は一般的に複数個存在し、要求する特性を自由に選択できるとともに、選択した複数の特性に関するトレードオフの関係を得ることができるため、最適構造とその特性の関係性を明らかにすることが可能である。本章では、進化的最適化、群知能最適化およびその評価方法などについて解説していく。

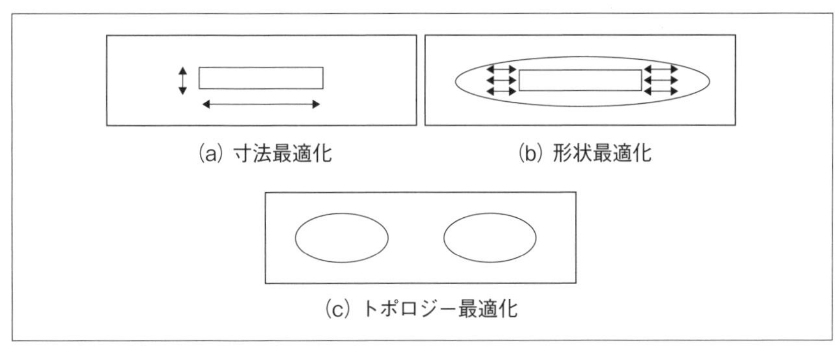

〔図2-1〕最適化の大別

２－１－１．進化的最適化（GA・GP）

電磁機器はその形状､鉄心材料によってその特性が大きく左右される。磁気回路中にギャップを有する回転機、リニアアクチュエータなどでは鉄心形状が特性に大きな影響を与える。回転機はこれまでの長年の経験の積み重ねで形状の自由度は比較的少ないが、磁性材料を使用する場所により形状が大きく変化するため、仕様を満たす最適な形状を求めることが必要となってくる。

電磁機器の形状最適化には、有限要素法などの電磁界数値解析と組み合わせた遺伝的アルゴリズム（Genetic Algorithm：GA）[4)～6)]が主に用いられている。GA は生物界の進化の過程に着想を得たものであり、確率的探索・学習・最適化問題などに適応可能なアルゴリズムである。GA は遺伝子をもつ生物集団を計算機内に仮定し、与えられた環境に適している個体ほど子孫を残す確率が高くなるように交配を行う。その計算過程により、優秀な遺伝子を示唆し個体が表現される。しかし、GA は実際のプログラミングの詳細を規定しない緩やかな枠組みであるため、各種の規則やパラメータの設定方法、また、局所解に到達する恐れがあるなど、不特定要素が多い方法論であるとも指摘されている。さらにその様々な問題点の中でも多大な解析時間が必要であるということが１つの大きな問題となっている。

GA では､探索空間中の探索点を､1 点ずつ順番に探索するのではなく、複数個の探索点を同時に探索する。そして、探索点が、遺伝子をもつ仮想的な生物であるとみなす。各個体に対して、その環境との適応度が計算される。図 2-2 に示した探索問題の例では、x を個体の遺伝子、$f(x)$ を環境との適応度と考えればよい。低い適応度をもつ個体を淘汰して消滅させ、高い適応度をもつ個体を増殖させ、親の形質を継承した遺伝子をもつ子孫の個体を生成する世代交代シミュレーションを実行する。この際、実際の生物の生殖においても生ずる、遺伝子の交叉、および突然変異と呼ばれる操作を行う。そして、最終的に、非常に高い適応度の個体、言い替えれば最大値と考えられる $f(x)$ を与える遺伝子 x の値を求める。GA のアルゴリズムは、「初期集団の発生」、「個体の評価」、「交叉」、「突然変異」、「淘汰」、「生物集団の評価」に分けられる。これらでは以下に述べる処理を行い、最適解を求める。

①初期集団の発生

GA では、探索空間中に複数の探索点、すなわち複数の個体を設定してそれらの協調あるいは競合を模倣する。探索開始時には、探索空間は一般に全くのブラックボックスであり、どのような個体が望ましいかは全く不明である。このため、通常、初期の生物集団は乱数を用いてランダムに発生させる。探索空間に対してなんらかの情報をもつ場合は、適応度との違いが高いと思われる部分を中心にして生物集団を発生させることもある。実際に解析する場合は、まず遺伝子を持った複数の個体を計算機内に仮定し、それぞれの遺伝子に初期値を与える。初期値は、一様乱数を用いてランダムに決める。普通、図 2-3 に示すように、1 つの個体は複数の遺伝子から構成されていて、各個体の表現はこの遺伝子によって与える。

②個体の評価

すべての個体に対して与えられた評価法によって評価を行う。評価の結果は適応度という値で表し、適応度の大きい個体ほど子孫を残しやす

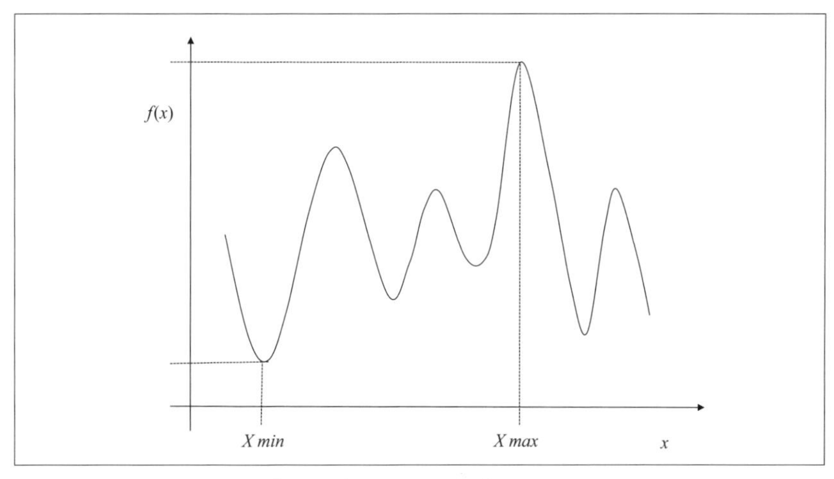

〔図 2-2〕の最大、最小値探索

く、また淘汰されにくい。

③交叉

交叉とは生物界における交配に相当し、GAでは２つの個体（親）を基にして新たな２つの個体（子）を発生させることをいう。個体が交叉する様子を図2-4に示す。まず、親となる個体を選択するが、適応度が大きい個体ほど選択される確率が大きくなるように設定しておく。次に、選択された２つの個体を１列に並べ、任意の場所で遺伝子を切断し、それぞれを交換する。これを交叉と言うが、切断方法によって１点交叉・２点交叉・一様交叉などが提案されている。交叉によって両親の優れた部分のみの形質をうまく組み合わせ、子に継承することに成功すれば、探索における飛躍をもたらし優秀な子孫（遺伝子）を残していくこととなる。

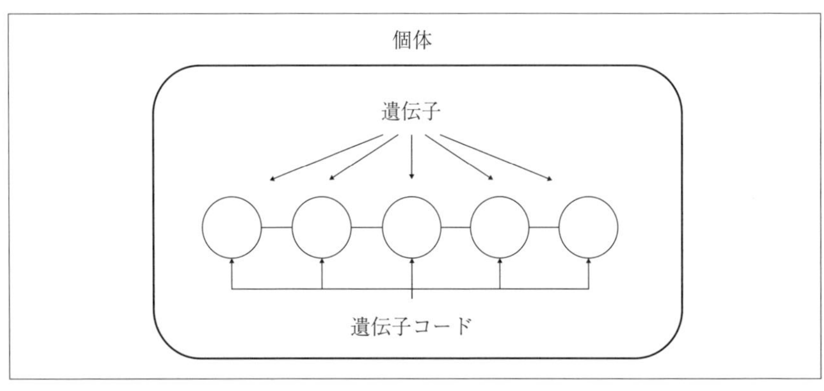

〔図 2-3〕個体、遺伝子

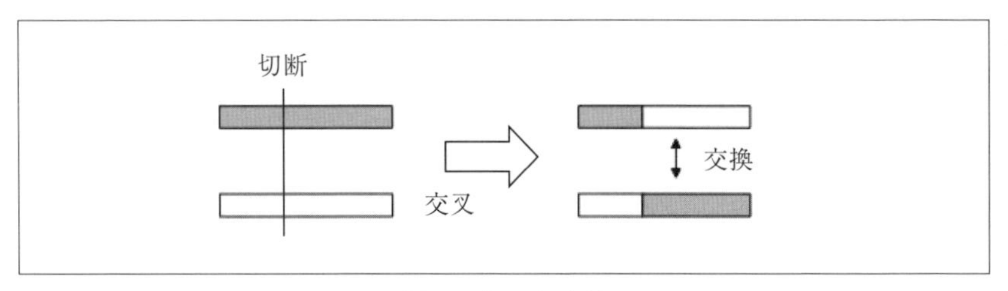

〔図 2-4〕1 点交差

④突然変異

突然変異とは、不特定位置での遺伝子の内容を全くランダムに変異させることである。通常は交叉と同時に行われる。これにより、致死遺伝子を生じる危険性もあるが、集団として損失した遺伝子（ローカルミニマム）の回復に寄与する場合も考えられ、集団の多様性を維持する上で有効な手段である。

⑤淘汰

交叉・突然変異により新しく発生した個体を、現世代中の個体と入れ替える。

⑥生物集団の評価

生成された次世代の生物集団が、進化シミュレーションを終了するための評価基準を満たしているかどうかを調べる。評価基準は、GA を適用する問題に依存するが、代表的な評価基準として、一般的には、「生物集団中の適応度の最大値が設定値を超えた」「生物集団全体の平均適応度が設定値を超えた」「世代交代の回数が指定回数に到達した」等を用いる。

以上の②～⑥までの操作を繰り返し、世代交代を進めていくことにより、個体自身あるいは生物集団全体の適応度が高まり、与えられた評価方法に対しての優秀な解が求められる。

図 2-5 にフローチャートを示す。

また、解析モデルを木構造へ変換し、遺伝的プログラミング（Genetic Programming：GP）[7),8)]を適用する一手法も述べる。GP とは、GA の遺伝子型を木構造表現に拡張した最適化手法である。そのため、解析モデルを木構造と等価的に表現しなければならない。たとえば、図 2-6 のように、埋込磁石構造同期電動機（Interior Permanent Magnet Synchronous Motor：IPMSM）の回転子では永久磁石やフラックスバリア、その他の磁性材料はある複数の頂点座標と材料情報に置き換えることができ、解析モデルはこれらのオブジェクトから構成されている。これは、解析対象内に固定された設計領域を設定し、その領域内にオブジェクトを発生させる方法である。しかし、この方法はオブジェクト内部における孔の表現を考慮していないことから完全なトポロジー最適化ではない。ただし、固定された設計領域内部の複数のオブジェクトの頂点における節点を設計変数としているので、形状最適化よりも設計の自由度は高く、この方法は構造最適化のうちにおいて形状最適化とトポロジー最適化の中間に位置しているといえる。たとえば、IPMSMの回転子のように固定された設計領域内部に限りオブジェクトを発生させるような最適化には有用な方法である。

トポロジー最適化[9]では、On-Off法やレベルセット法[10]といった表現方法が一般的である。On-Off法では、固定設計領域を微小な要素に分割

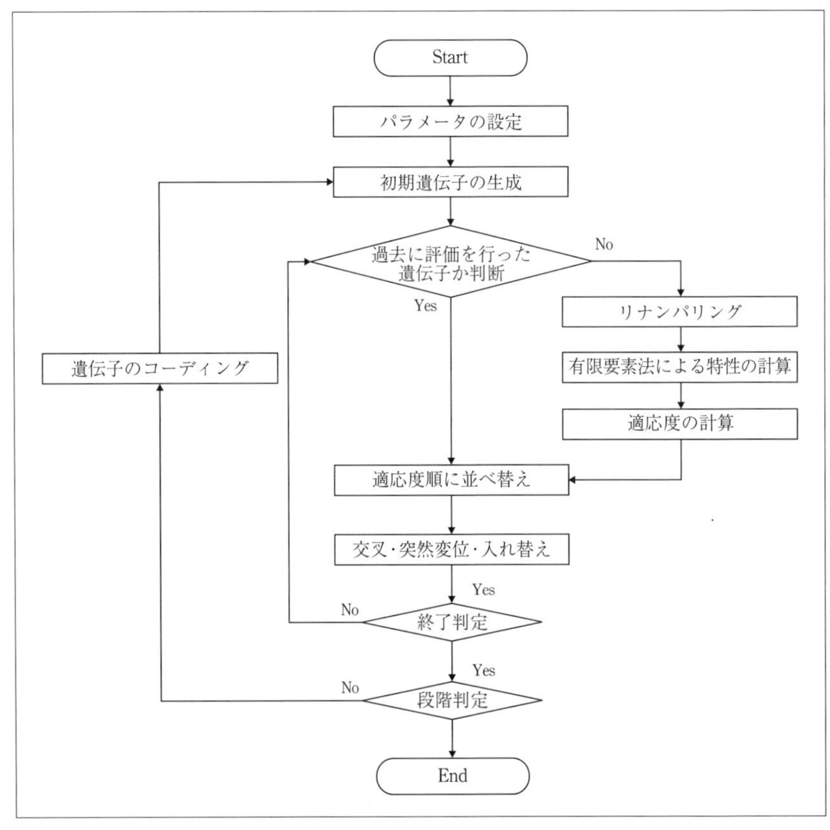

〔図2-5〕フローチャート

し各要素に対応する材料情報の2状態（On、Off）で与える。これによって、GAが適用でき、広範囲な解探索が可能となる。しかし、有限要素法におけるメッシュは十分に微細化させる必要があり、得られる形状・形態はメッシュに依存することやそのメッシュの微細化により解析時間が長くなることがある。また、各要素の状態が独立に与えられ、得られる構造の工学的実現性が難しいものとなってしまうことに注意が必要である。

レベルセット法では、レベルセット関数と呼ばれるスカラー関数を導入し、ゼロ等位面により材料領域の境界を表現する。このとき得られる最適構造の多くは滑らかな構造であるため､工学的実現性に優れている。しかし、レベルセット法は得られる最適解が設定した初期解に依存するといったことや多目的最適化への応用が難しいといった面がある。これらの表現方法に対し、GPを用いることで多目的最適化への応用が容易である。また、固定設計領域のあらゆる座標点が設計パラメータの対象となり得るため、形状・形態はメッシュに依存せず、適切なメッシュ分割が可能となる。同時に形状複雑度の概念を導入することで工学的実現性のある構造を得ることが可能となる。これを応用することによりオブ

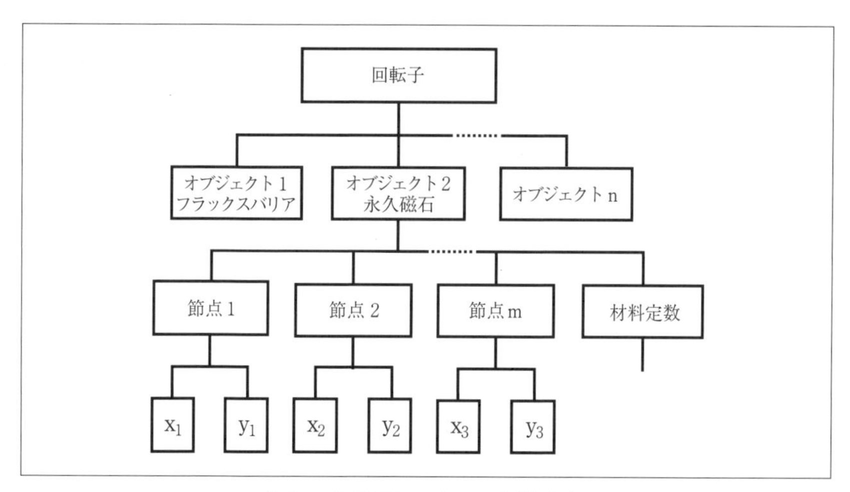

〔図2-6〕解析モデルの木構造化

ジェクト内にオブジェクトを入れるような構造も可能となり、孔の表現も可能となってくる。

また、解析モデルに何かしらの操作を行ったとき、解析上もしくは実際の設計上不都合なオブジェクトが発生する場合がある。たとえば図2-7に示す通り、オブジェクトに自己交差点をもつモデル、同じ頂点が重複するモデル、またはオブジェクトの重なりが存在するモデル等がある。これらのモデルは不都合なモデルであり、発生した場合はもう一度ランダムに操作を行う。基本的にこの操作は成功するまで何度も繰り返すが、規定回数を超えても成功しない場合は操作不可能としてそのモデルに対する操作は行わない[11]。

GPにおいても、モデルが操作される項目として、初期集団生成、交叉、突然変異がある。初期集団生成では、1つの個体が生成される毎にモデルチェックを行う。このとき、初期集団生成におけるオブジェクトと頂点の値の範囲、固定設計領域における半径の範囲を確率的に決定するが、もしモデルチェックにより生成が失敗しても決定された各範囲は変化させない。その理由として、オブジェクト・頂点の数が小さいほどモデル生成に成功しやすいため、結果的にオブジェクト・頂点の数が小さい集団となってしまう可能性が高いからである。交叉では、2つの親個体が交叉される毎にモデルチェックを行う。ただし、モデルチェックにより交叉が失敗してもオブジェクト・頂点のそれぞれの交叉回数は変化させない。その理由として、交叉回数が小さいほど親個体同士の交叉が成功

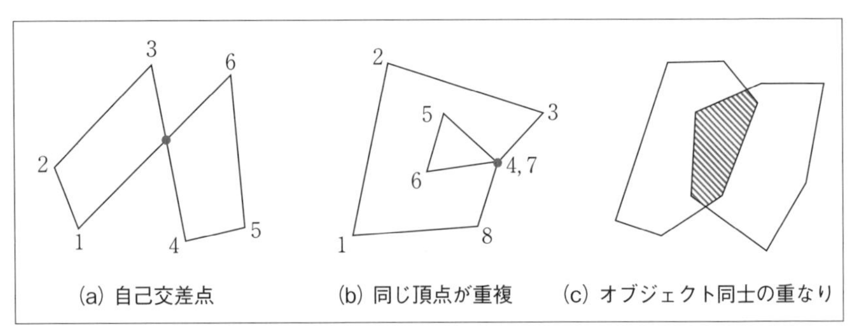

〔図2-7〕設計上不都合なオブジェクト

しやすいため、設定したオブジェクト・頂点の交叉率通りに交叉が行われない可能性があるからである。突然変異では、オブジェクトの追加・削除・位置の移動と頂点の追加・削除・位置の移動計6パターンのいずれかを確率的に選択するが、モデルチェックにより突然変異が失敗しても選択された対象とその方法は変化させない。同様の理由で、対象とその選択によって偏りが生じるからである。

2－1－2．群知能最適化

最適化手法により、大域的最適解（厳密解）を求めることは、前節で述べたように、機器および磁気回路の複雑性より多大な計算時間を強いられるため、メタヒューリスティックが用いられる。代表的なものは進化的計算手法に分類されるGAや免疫アルゴリズム（Immune Algorithm：IA）[12]がある。また群知能アルゴリズムに分類されるものは粒子群最適化（Particle Swarm Optimization：PSO）[13]やアントコロニー最適化（Ant Colony Optimization：ACO）[13)～15]があげられる。PSOとは、探索する領域・範囲・空間内において、動物の群れを模倣したアルゴリズムを解くものである。この群れは位置および速度のパラメータを保持し、それを群れの中で共有しあう手法である。この概念は単純かつ実現容易であるため様々な分野において最適化に用いられつつある。しかし、パラメータ依存性が高く、局所解に陥りやすい点が欠点であるため、近年ではPSOから派生した方法が多々研究されている。本節では、このPSOから派生した蜜蜂の行動に着想を得た多点探索アルゴリズムであるArtificial Bee Colony（ABC）アルゴリズム[16]を解説する。

ABCアルゴリズムは、蜜蜂の行動に着想を得た多点探索アルゴリズムの１つである。この蜜蜂群は次の３つのパターンに分けられる。

① Employed bee（蜜蜂 1）：探索範囲内にFood source（餌場）があるとし、その餌場に関連づけられる蜜蜂であり、関連づけられた餌場の近傍でさらに評価の高い餌場を探索する蜜蜂である。言い換えれば、１つの餌場に１匹の蜜蜂１が対応し、餌場の数と蜜蜂１の数は等しい。
② Onlookers（蜜蜂 2）：蜜蜂１が探索した餌場を他の餌場と比較し、相対的評価の高い餌場の近傍を探索する蜜蜂である。

③ Scout（蜜蜂3）：蜜蜂1、蜜蜂2の探索において、ある設定した探索回数の間に、更新がなされなかった餌場が存在した場合、その餌場を探索した蜜蜂1は探索場所を移動し、他の餌場において探索を始める。いわゆるGAでいう“突然変異”に値する。

図2-8に一次元での探索範囲において、ABCアルゴリズムの概略図を示す。黒い点が蜜蜂1を示しており、この蜜蜂1は解を求めたい関数上に散りばめられる。最適解は、この関数ではFitnessが大きいほうがよい形状を示すとしており、餌場はこの関数上である。すなわち、ランダムに選ばれた餌場に対し、蜜蜂1が探索することになる。次に、蜜蜂1が探索したのち、蜜蜂2が蜜蜂1の各情報より、適応度のよい餌場近傍を探索する。蜜蜂2による探索候補点とされなかった蜜蜂1は、ある設定その状態が続いた場合、他の餌場において探索する蜜蜂3となる。

図2-9では、探索範囲が二次元平面での場合のABCアルゴリズムの概略図を示す。ここでは、二次元平面に対し、蜜蜂1は各餌場において評価を行う。その蜜蜂1の総合的な情報から、蜜蜂2は相対的評価の高い餌場の近傍を探索する。評価の低い餌場については、設定した期間、更新がなければ蜜蜂3として別の餌場を探索する。

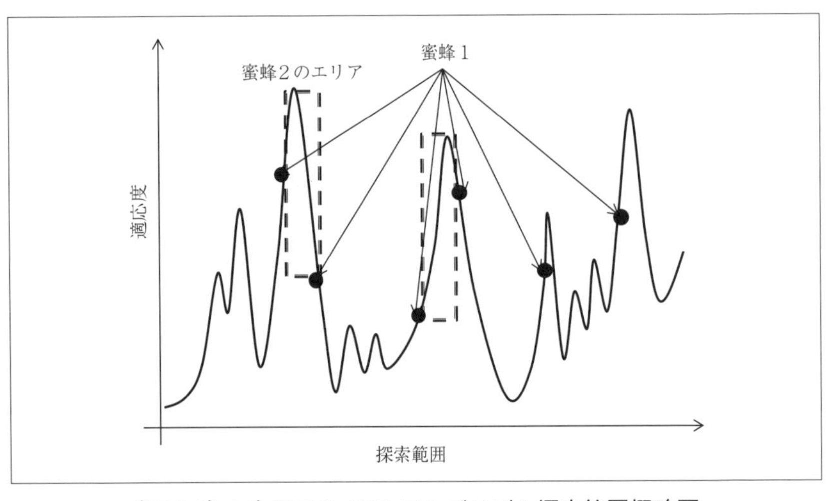

〔図2-8〕１次元での ABC アルゴリズム探索範囲概略図

図 2-10 に ABC アルゴリズムのフローチャートを示す。

・ステップ 1：各パラメータを初期化する。さらに探索点の総数 S_N を決定する。また、最大反復回数 (Maximum Number of iteration Count：MNC) を決定する。

・ステップ 2：乱数により蜜蜂 1 を発生させ、餌場を探索する。次に、蜜蜂 1 の探索情報を基にすべての探索点から更新候補点を生成する。探索点を x_{ij} (i=1, 2, ⋯, S_N) とし、更新候補点 v_{ij} (i=1, 2, ⋯, S_N) とすると、v_{ij} は x_{ij} を用いて (2-1) 式で示される。

$$v_{ij} = x_{ij} + u(x_{ij} - x_{kj}) \quad \cdots\cdots (2\text{-}1)$$

ただし、u は $[-1, 1]$ の一様乱数を示し、j=1, 2, ⋯, d (d は次元数) とする。また、k=1, 2, ⋯, S_N である。

・ステップ 3：(2-1) 式で得られた、各更新候補点の適応度を計算する。その適応度を用いて、(2-2) 式のとおり、相対確率を求める。

$$P_i = \frac{fit_i}{\sum_{n=1}^{S_N} fit_n} \quad \cdots\cdots (2\text{-}2)$$

ここで fit は適応度を示す。

この (2-2) 式における相対確率からルーレット選択により 1 つの探索

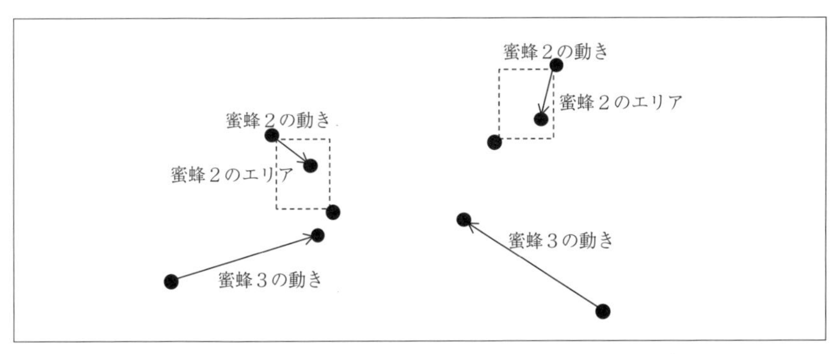

〔図 2-9〕二次元での ABC アルゴリズム探索範囲概略図

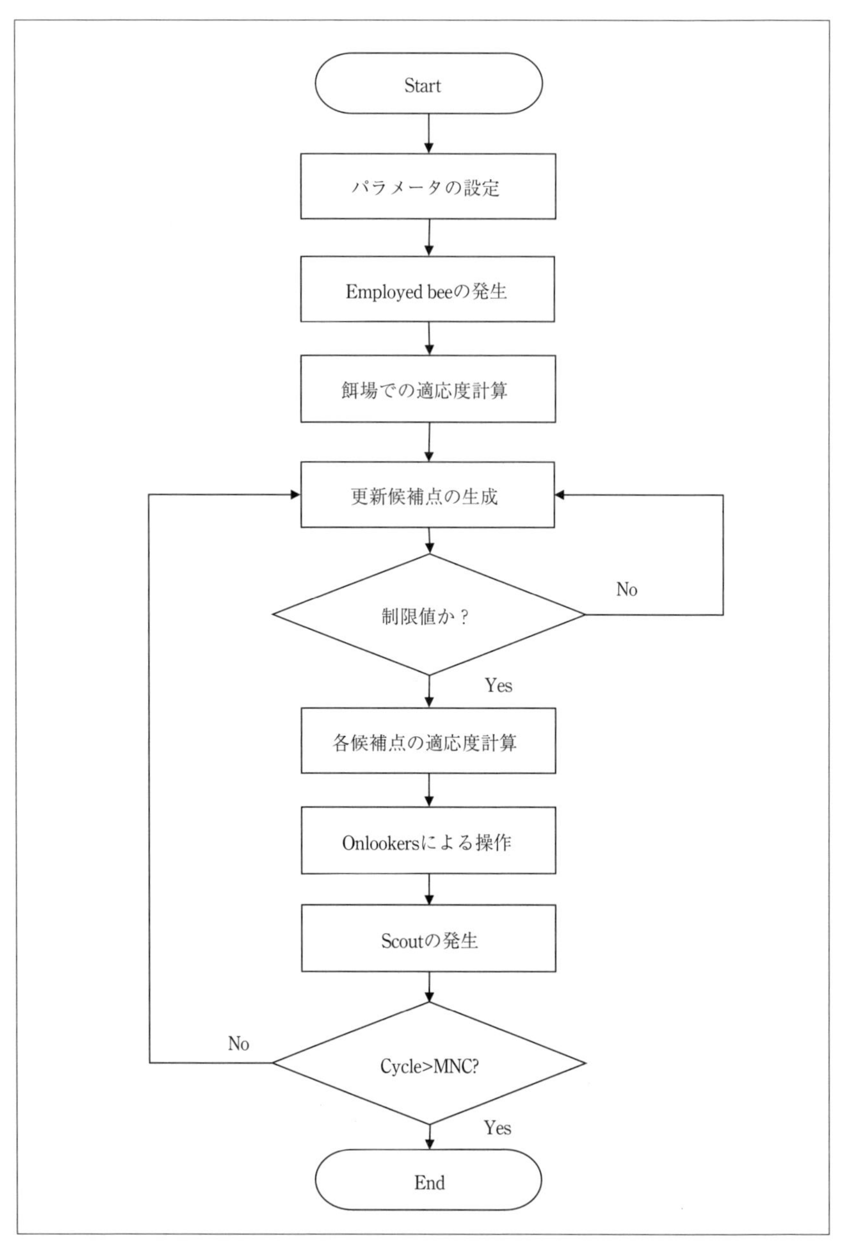

〔図 2-10〕ABC アルゴリズムのフローチャート

点を選択し、この選択された探索点に対し蜜蜂2を対応させ、ステップ2と同様に更新候補点を生成する。

・ステップ4：ある回数で更新候補点とならなかった探索点での蜜蜂1は蜜蜂3となり乱数に従い、別の餌場へ移動する。このステップ2～4を続け反復回数がMNCを超えた時点で終了する。

このときの解析モデルに対する探索範囲の例として節点座標に対しコーディングする方法がある。つまり、図2-11に示す節点1に対し、ABCアルゴリズムを用いて最適化を行いたいとすると、まず探索範囲を決定し、さらにその範囲内を等分割（図2-11では9分割）した設定をし、その分割毎に個体の情報を割り当てる（コーディングする）。そのため、個体情報が3の形状を解析する例では、節点番号1の座標を個体情報3の座標の位置まで移動させ、自動分割によりその形状の要素分割を行わなければならない。すなわち、この方法では全計算個体数に対して1つの個体での形状を計算する毎に自動分割により要素分割し、有限要素法やマクスウェルの応力法などにより適応度を求めるという方法をとらなければならない。よって分割数を形状パラメータで累乗したものが総個体数となる。ただし、形状を変更したい範囲が少ない場合は十分有効である。

2－1－3．多段階最適化

形状変更点が多い場合は、材料定数を割り当てる方法を取ることが有効である[17]。図2-12に示すように、最初に探索範囲の分割数に対応で

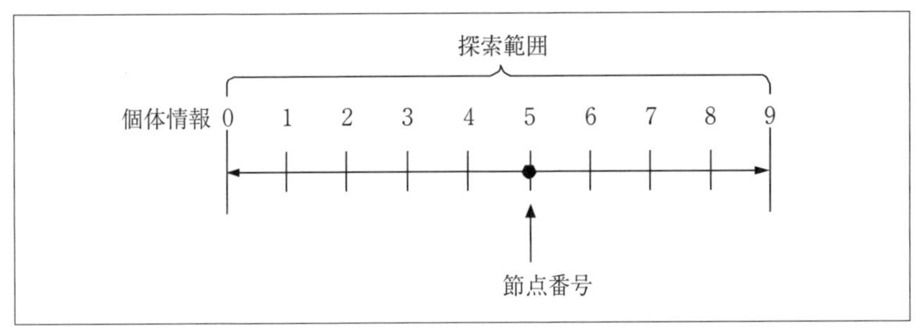

〔図2-11〕再分割を要する個体情報の設定

きる分割図を自動分割により作成する。図 2-12 では探索範囲を 9 分割した分割図を示している。ここで準備する分割図は探索範囲を等分割しなくても 2 分割以上に分割された分割図であれば探索が可能である。

次に、個体情報に従って自動分割により再分割するのではなく、あらかじめ設定しておいた材料定数を割り当てる。例として図 2-13 (a) に示されている個体情報が 1 の形状を解析する場合、その形状の分割図を作る代わりに、遺伝子番号 0 と 1 に挟まれた領域のメッシュには空気の材料を、1 と 3 に挟まれた領域のメッシュには磁性材料を、といったように順次、材料定数を割り当てて、適応度の計算を行うことで、自動分割の時間を省略することが可能である。多段階最適化を行う場合、最適遺伝子 1 が得られたとすると、2 段階目に移る。2 段階目では 1 で得られた仮最適解の近傍、厳密には図 2-13 (b) に示すように、あらかじめ細かく分割しておいた分割層の間隔を用い、仮最適解の 1 つ前の間隔を 0' とし、仮最適解を 1'、その次の間隔を 2'、2' の次を 3' というようにコーディングし直す。この 0' ～ 3' を 2 段階目として、この情報に従い、1 段階目と同じように材料定数を割り当てていく。これにより 2 段階目の総数は 1 段階目と同じ 4 つの形状パラメータで累乗したものになり、こ

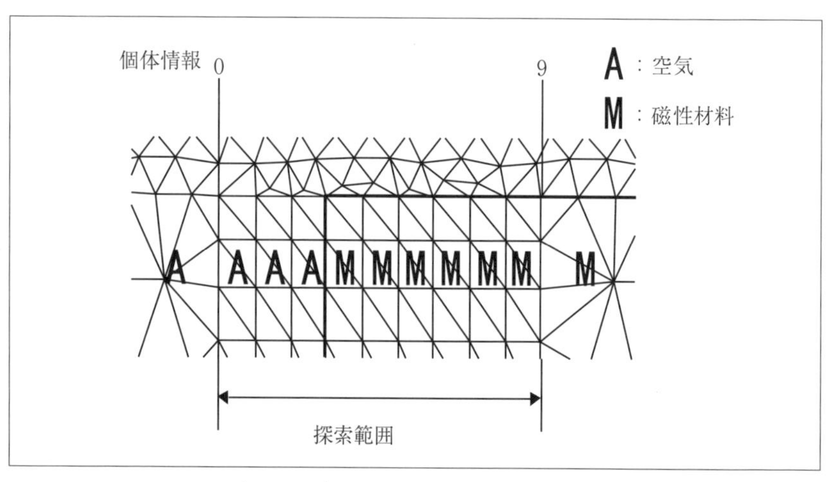

〔図 2-12〕材料定数割当による方法

れによって、解析する個体の配列総数が減り、解析時間の計算時間負荷が軽減する。

2－2．適応度

適応度とは、ある空間の中で発生している個体に対してどのくらいその個体が空間に適応しているかを示す評価値のことを指す。すなわち

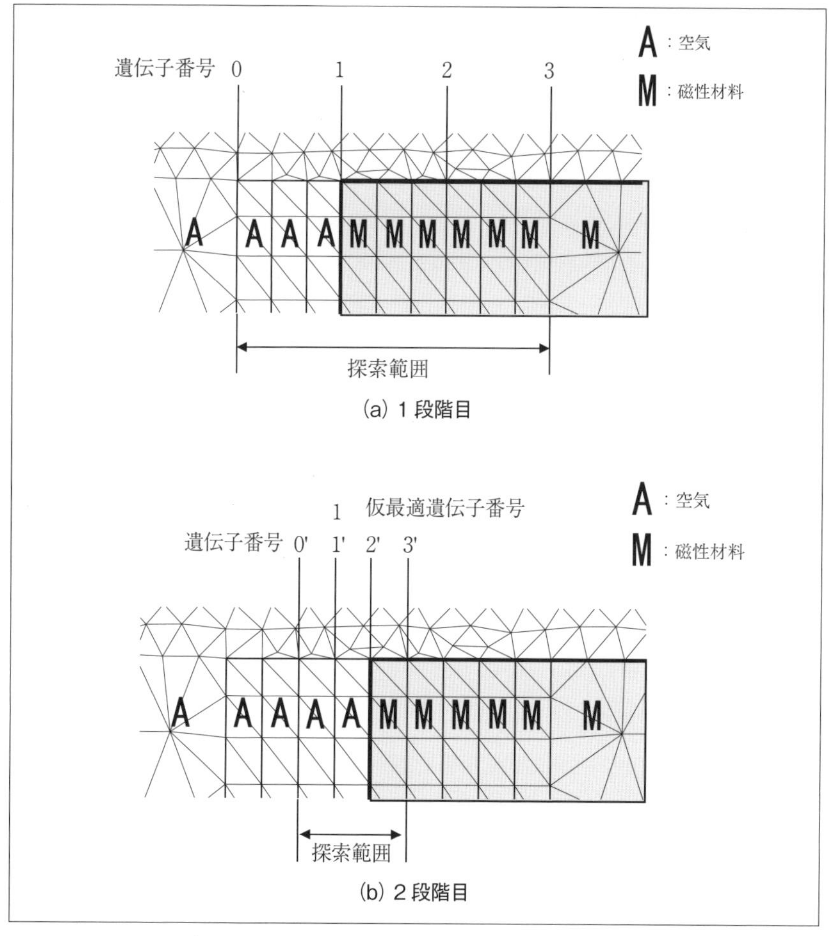

〔図 2-13〕多段階最適化での形状パラメータ

GA で例を示すと、まず遺伝子を生成して一定数の個体を出現させる。その空間内で、どのくらいの適応度を有するかによって、生き残りが決まるので、その適応度が重要になる。適応度は評価関数でもって表すことができ、その評価関数を計算することになる。本書では、回転機の最適設計を基盤としているので、ここではそれに従うよう記述する。たとえば、コギングトルクの低減を目的とした場合、評価関数はコギングトルクである。(2-3) 式は適応度 f の例を示す。

$$f = \frac{T_{opt}}{T_{ini}} \quad \cdots\cdots (2\text{-}3)$$

ここで、T_{opt} は個体のコギングトルクであり、T_{ini} は初期形状におけるコギングトルクである。

すなわち、コギングトルクは小さくなればなるほどよいと考えるため、T_{opt} が小さくなればなるほど、f は小さくなっていく。図 2-14 においてはこの探索空間内において、f が小さくなる箇所に向かっていく操作を行っていると考えればよい。この例ではコギングトルクそのものを評価

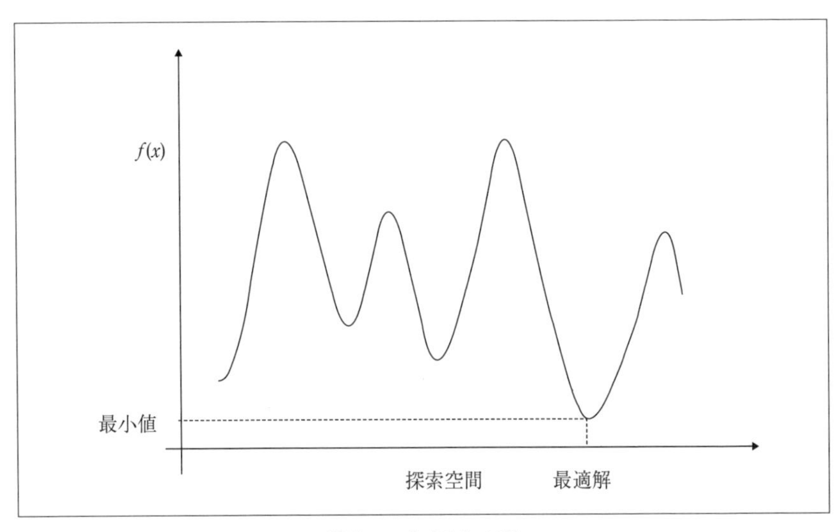

〔図 2-14〕探索空間

関数としているが、もし、必要であれば正規化を行なって、適応度を目的値に近づけるなどの手法をとることも可能である。次節ではこの評価関数とその計算について解説する。

２－２－１．評価関数

評価関数とは、ある最適解を求めるにあたって、評価する際に用いる関数、すなわち、回転機で言えば、平均トルクやコギングトルク、トルクリプルなどのその個体における固有値である。平均トルクを最大化したければ、評価関数は平均トルクを求めることとなり、適応度は平均トルクの値で決まる。ただし、評価関数を１つに絞ってしまうと、それ以外の要素は考慮されないため、注意が必要である。

例として、平均トルクの向上、トルクリプルの低減を目的とした適応度 f の計算を考えた場合、以下が１つの案である[18]。

$$f = T_{ave} \cdot w_1 + T_{rp} \cdot w_2 + C \cdot w_3 \quad \cdots\cdots (2\text{-}4)$$

$$T_{ave} = \frac{T_{ave\_opt}}{T_{ave\_ori}} \quad \cdots\cdots (2\text{-}5)$$

$$T_{rp} = \frac{T_{rp\_ori}}{T_{rp\_ori} + T_{rp\_opt}} \quad \cdots\cdots (2\text{-}6)$$

$$C = \frac{C_{ori}}{C_{opt}} \quad \cdots\cdots (2\text{-}7)$$

$$C_{ori,opt} = \frac{l^2}{S} \quad \cdots\cdots (2\text{-}8)$$

ここで、T_{ave} は定常トルクの平均トルク、T_{rp} はトルクリプル、C はフラックスバリアの形状複雑度、w_1、w_2、w_3 は重みである。添え字の ori は基本モデル、opt は最適モデルの値を表す。また、形状複雑度はフラックスバリアの形状がどれだけ複雑であるかを数値で表したもので (2-8) 式により計算される。なお、l はフラックスバリアの周長、S はフラックスバリアの面積である。

(2-4) 式～ (2-8) 式により、基本モデルより平均トルクが高く、トルクリプルが小さく、フラックスバリアの形状がシンプルだと、適応度が高くなり、優秀な個体と判断される。

２－２－２．多目的最適化

複数の目的関数を同時に考慮しながら最適解を探索することを多目的最適化と呼ぶ。一般的に目的関数間にはトレードオフの関係が存在し、ただ１つの最適解が存在するとは限らない。そのため、多目的最適化ではパレート最適解という概念が重要となる。パレート最適解とは、ある目的関数値を改善するためには少なくとも他の１つの目的関数値を改悪せざるをえないような解のことを示す。

一般的な GA と特に異なる部分は評価方法で、パレートランキング法とシェアリング関数を用いているところにある。パレートランキング法では、(2-9) 式により各個体に対してランクを振り分ける。

$$r(X_i) = 1 + n_i \quad \cdots\cdots \quad (2\text{-}9)$$

ある個体 X_i が n_i 個の個体に優越されているとき、(2-9) 式より X_i のランク $r(X_i)$ を定めている。また、非劣解集合の多様性保持のためにシェアリング関数を用いる。一般的なシェアリング関数は (2-10) 式で表される[19]。

$$S_h\left(d_{i,j}\right) = \begin{cases} 1 - \left(\dfrac{d_{i,j}}{r_{share}}\right)^{\alpha} & (d_{i,j} \leq \sigma_{share}) \\ 0 & (\text{otherwise}) \end{cases} \quad \cdots\cdots \quad (2\text{-}10)$$

ここで、d_{ij} はある個体 i, j 間のユークリッド距離、σ_{share} はシェアリング半径、α は定数である。

シェアリング関数より、それぞれの個体のニッチングカウント（混雑度）を求める。したがって、パレートランキング法とシェアリング関数を一般的な GA の評価項目に組み込むことで、多様性を考慮した多目的最適化が可能となる。

図 2-15 にパレートランキングの例を示す。ここでは適応度 f_1 と f_2 の多目的最適化であり、お互いの最適解は反比例したものとなる。すなわ

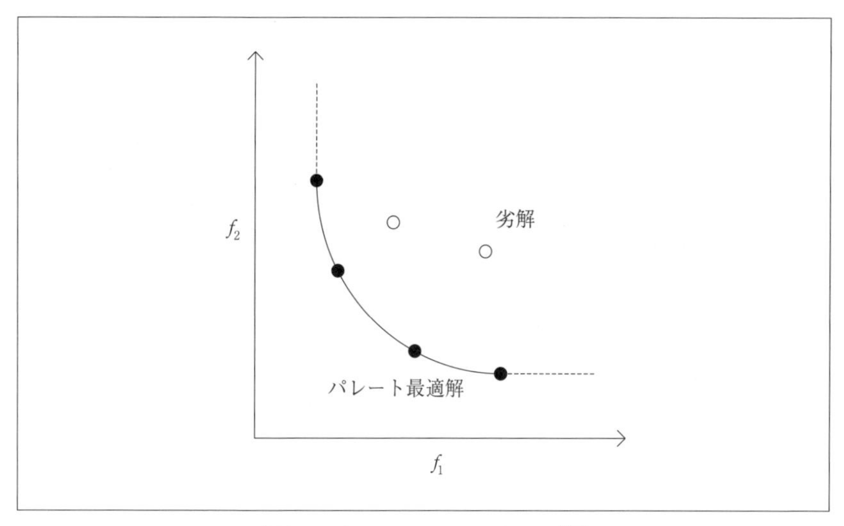

〔図 2-15〕パレートランキング例

ち、この解集団から最適解の方向性を決定することとなり、次元が増えれば増えるほど、解の表現が困難となってしまう。

参考文献

1) M. P. Bendsøe and N. Kikuchi: "Generating optimal topologies in structural design using a homogenization method" , Comput. Methods Appl. Mech. Eng., Vol. 71, No. 2, pp. 197-224 (1988)
2) S. Kim, S. Min and J. Hong: "Low Torque Ripple Rotor Design of the Interior Permanent Magnet Motor Using the Multi-Phase Level-Set and Phase-Field Concept" , IEEE Trans. on Magnetics., Vol. 48, No. 2, pp. 907-910 (2012)
3) 志水清孝：「多目的と競争の理論」, 共立出版 (1982)
4) 安居院猛, 長尾智晴:「ジェネティックアルゴリズム」, 昭晃堂 (1993)
5) D. J. Sim, D. H. Cho, J. S. Chun, H. K. Jung and T. K. Chung: "Efficiency Optimization of Interior Permanent Magnet Synchronous Motor Using Genetic Algorithm" , IEEE Trans. on Magnetics, Vol. 33, No. 2, pp.1880-1883 (1997)

6) F. Wurtz, M. Richomme, J. Bigeon and J. C. Sabonnadiere: “A Few Results for using Genetic Algorithms in the Design of Electrical Machines” , IEEE Trans. on Magnetics, Vol. 33, No. 2, pp.1892-1895 (1997)
7) 伊庭斉志：「遺伝的プログラミング入門」，東京大学出版会 (2001)
8) 石川康太，浮田浩輔，北川亘，竹下隆晴：「遺伝的プログラミングを用いたIPMSMの回転子における多目的最適設計」，第24回MAGDAコンファレンス，pp.421-426（2015）
9) 西脇眞二，泉井一浩，菊池昇：「トポロジー最適化」，丸善出版 (2013)
10) 日高勇気，五十嵐一：「On-Off法とレベルセット法の併用によるIPMモータの多目的形状最適化」，日本シミュレーション学会論文誌，Vol. 6，No. 3，pp. 37-42 (2014)
11) 石川康太，北川亘，竹下隆晴：「2次元ポリゴンモデルを用いた形状最適化に関する設計自由度の拡大」，電気学会静止器・回転機合同研究会資料，SA-13-89/RM-13-103（2013）
12) 森一之，築山誠，福田豊生：「免疫アルゴリズムによる多峰性関数最適化」，電気学会論文誌C，Vol. 117，No. 5，pp. 593-598 (1997)
13) 森井宣人，相吉英太郎：「PSOを用いた進化型アントコロニー法」，電気学会論文誌C，Vol. 131，No. 5，pp. 1038-1042 (2011)
14) 宇谷明秀, 長島淳也, 牛膓隆太, 山本尚生:「Artificial Bee Colony（ABC）アルゴリズムの高次元問題に対する解探索性能の強化」，電子情報通信学会論文誌D，Vol. J94-D，No. 2，pp. 425-438 (2011)
15) D. Karaboga and B. Bastruk: “Onthe performance of artificial bee colony (ABC) algorithm” , Applied Soft Computing, Vol. 8, pp.687-697 (2007)
16) 北川亘，竹下隆晴：「Artificial Bee Colony（ABC）アルゴリズムを用いた電磁機器の磁気回路最適設計」，電気学会静止器・回転機合同研究会資料，SA-12-025/RM-12-025，pp.11-16 (2012)
17) W. Kitagawa, Y. Ishihara, T. Todaka and K. Hirata: “Optimization Technique of Modified Genetic Algorithm Using the Finite Element Method”, Record of the 13th COMPUMAG Conference, Vol. 3, pp.26-27 (2001)
18) 浮田浩輔，石川康太，北川亘，竹下隆晴：「差分進化を用いた

IPMSMにおける磁石とフラックスバリアの同時最適化」，第24回MAGDAコンファレンス，pp.427-432 (2015)
19) Goldberg, D. E.: “Genetic Algorithms in Search, Optimization & Machine Learning”, Addison-Wesley Publishing Company, Inc., Reading (1989)

各種電動機の特性解析 ◁◁ 第3章

ここでは、二次元・三次元有限要素法による各種電動機の特性解析例を紹介する。

3－1．表面磁石構造同期電動機（SPMSM）

SPMSM は、制御精度やトルク応答性に優れた電動機であり、高効率な電動機として広く利用されている。

3－1－1．一般的な SPMSM の解析モデルと解析条件

図 3-1 に電気学会で解析精度検証用として提案されている SPMSM[1)] の解析モデルを示す。文献 2) では、この電動機の回転子にスキューを施して、コギングトルクの低減を解析している。

図 3-2 に解析モデルを示す。解析領域はモデル全体（1/1 領域）である。なお、図 3-2 では、固定子鉄心の一部とコイルならびに空気領域は表示していない。回転子のスキュー角度は 0～30°とし、スキュー角度とコギングトルクの関係を求めた。

図 3-3 は、スキュー角度 30°のときの三次元分割図である。

3－1－2．解析結果と検討

図 3-4 に磁束密度分布を示す。回転子にスキューを施すことによって、固定子鉄心内部の断面において、その上部と下部の磁束密度に磁束密度の大きさの差が発生することがわかる。

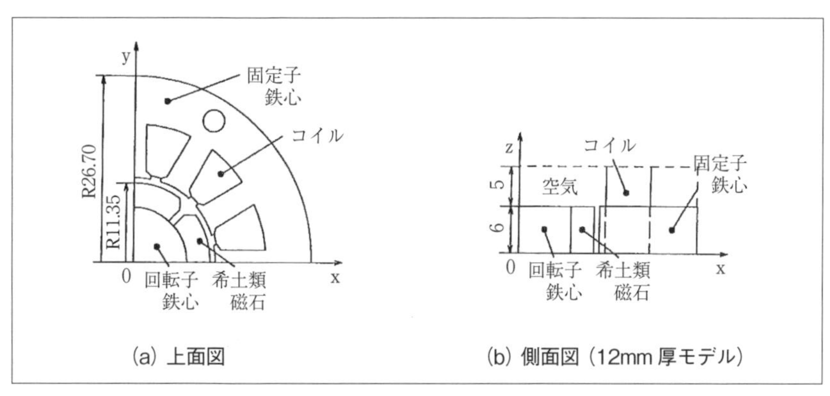

〔図 3-1〕表面磁石構造同期電動機（SPMSM）の解析モデル

図3-5にコギングトルク波形を示す。スキュー角度が大きくなるにつれてコギングトルクの振幅が小さくなり、本モデルではスキュー角度が30°になると、コギングトルクがほとんどないことがわかる。

３－２．埋込磁石構造同期電動機（IPMSM）

IPMSMは、永久磁石が回転子内部に埋め込まれるため、高速回転時での永久磁石の飛散が防止されるとともに、回転子鉄心に発生するリラクタンストルクを利用して、専用のインバータを用いて高効率を実現した同期電動機である。

３－２－１．解析モデルと解析条件

図3-6に電気学会の「電磁界解析による回転機の実用的性能評価技術

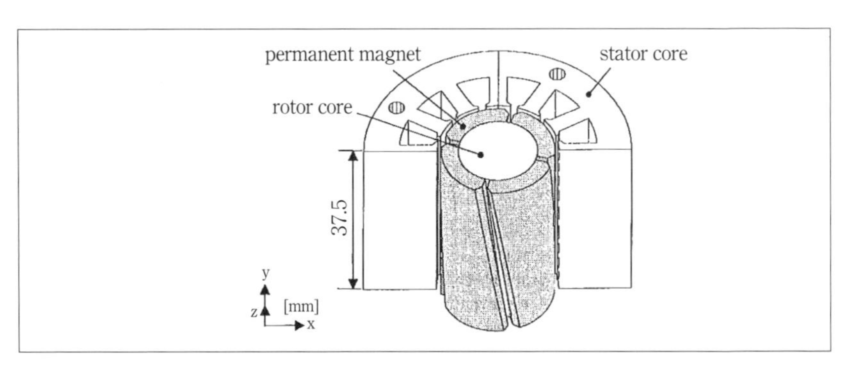

〔図3-2〕回転子がスキューされた解析モデル

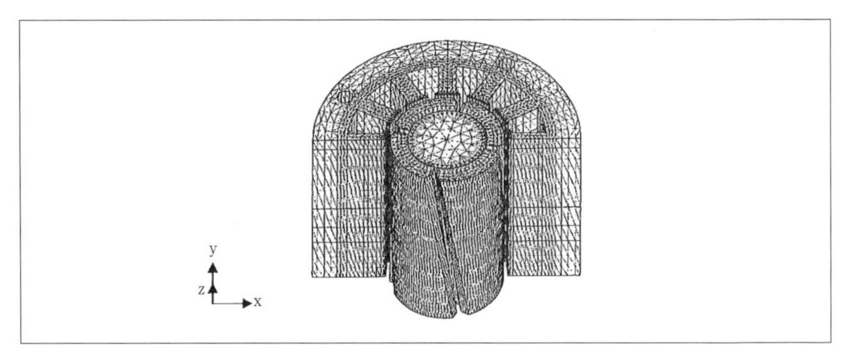

〔図3-3〕三次元分割図（スキュー角度30°）

調査専門委員会」において検討されたIPMSM[3]の解析モデルを示す。文献4)では、図3-6(b)に示すように、固定子鉄心外側の形状を実機に即して与えたモデル（以下、実機モデルと略記）と簡略化したモデル（以下、簡略化モデルと略記）の比較を行い、固定子鉄心形状がトルクおよび損失特性に及ぼす影響を明らかにしている。解析領域はモデルの対称性から、実機モデル、簡略化モデルともに軸方向に1/2とした。また、モデルの周期性より、周方向には、実機モデルでは1/2に、簡略化モデルでは1/4にした。表3-1に解析条件を示す。

三相PWMインバータ電圧源を入力とした。図3-7に印加線間電圧波

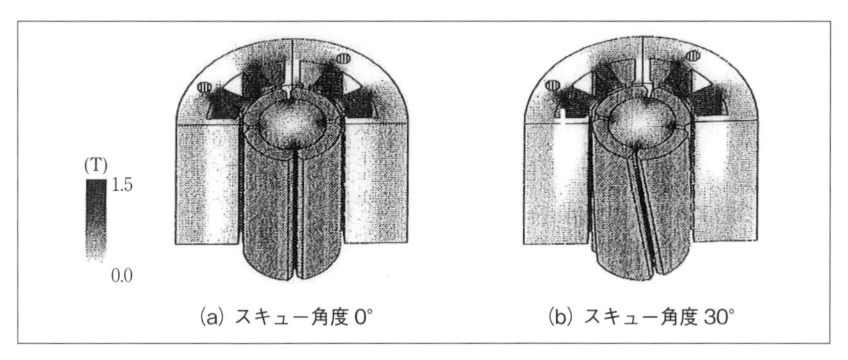

〔図3-4〕磁束密度分布

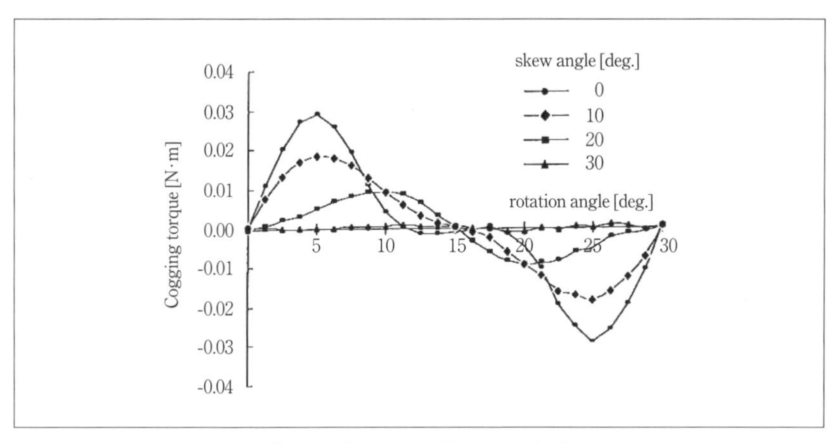

〔図3-5〕コギングトルク波形

形を示す。また、固定子鉄心ならびに回転子鉄心の磁気的非線形性を考慮するために用いたB-H曲線を図3-8に示す。

３－２－２．解析結果と検討

図3-9に電流波形を、図3-10にトルク波形を示す。どちらも実機モデルと簡略化モデルではほとんど違いが見られない。

図3-11に損失特性を示す。永久磁石中の渦電流損は実機モデルと簡略化モデルでほとんど差がないが、鉄損は実機モデルのほうが簡略化モデルのおよそ1.1倍となっている。これは、固定子形状を簡略化したこ

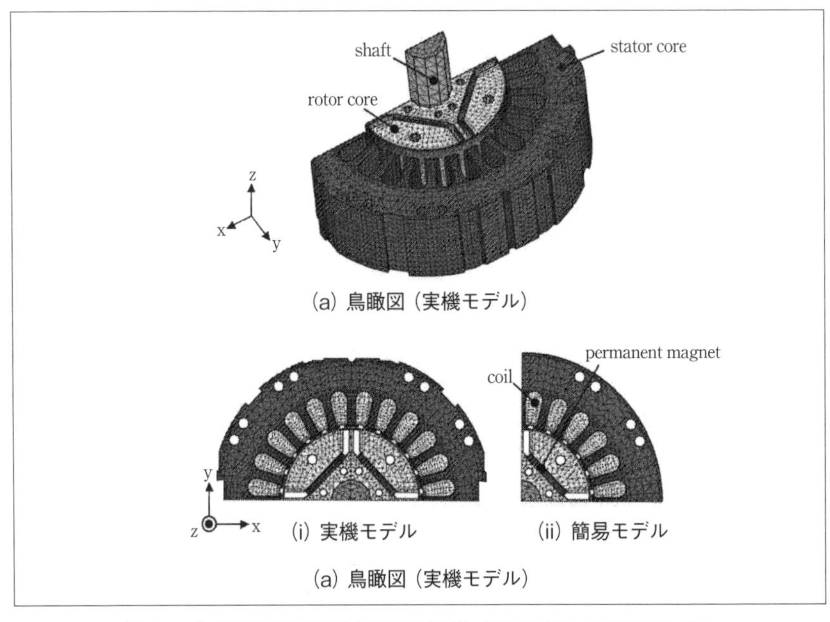

〔図3-6〕埋込磁石構造同期電動機（IPMSM）の解析モデル

〔表3-1〕解析条件

Inverter DC line voltage (V)	200
Command value (Vrms)	59.01
Power supply frequency (Hz)	50
PWM carrier frequency (Hz)	4,950
Rotation speed (rpm)	1,500
Magnetization of permanent magnet (T)	1.25

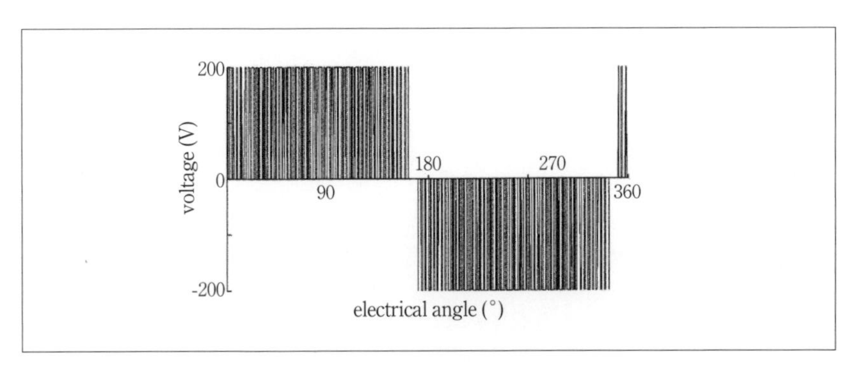

〔図 3-7〕印加線間電圧波形

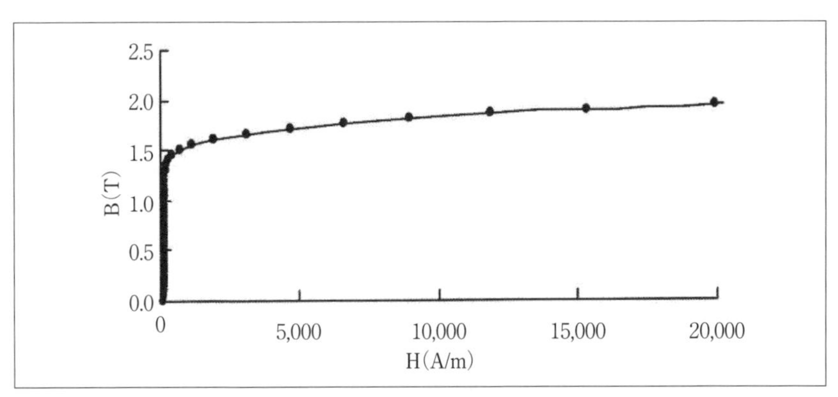

〔図 3-8〕B-H 曲線（50A350）

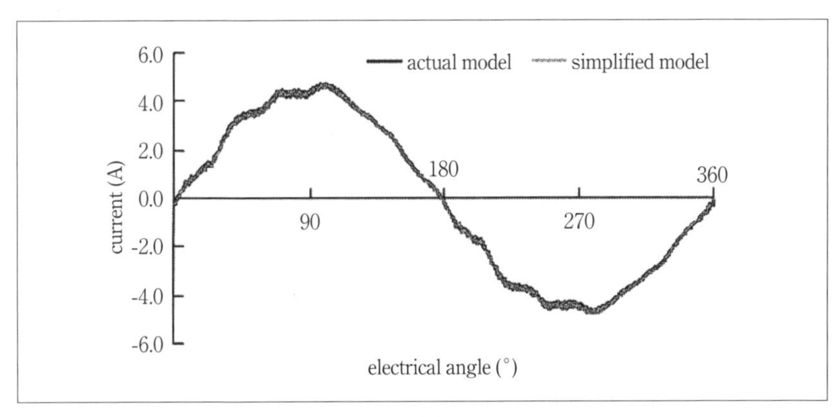

〔図 3-9〕電流波形

とにより簡略化モデルの固定子領域が実機モデルより小さくなったためである。

表3-2に解析諸元を示す。

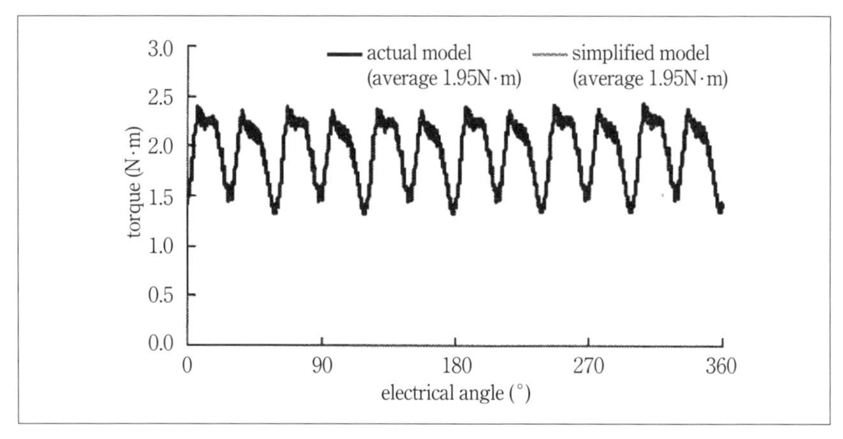

〔図3-10〕トルク波形

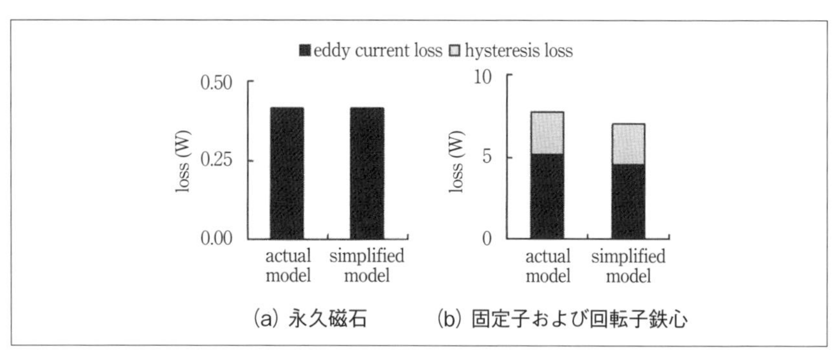

(a) 永久磁石　　(b) 固定子および回転子鉄心

〔図3-11〕損失特性

〔表3-2〕解析諸元

Model	Actual	Simplified
Number of elements	576,426	277,932
Number of nodes	101,664	49,584
Number of time steps during a cycle	2,880	
Total number of time steps	8,640	
Elapsed time/step (min./step)	3.1	1.4

３－３．誘導電動機（IM）

IM は、簡単な構造、丈夫、メンテナンスフリーの特長をもち、始動のための制御も不要であることから、古くから広く利用されている電動機である。

３－３－１．解析モデルと解析条件

文献 5) では、電気学会で解析精度検証用として提案されている誘導電動機 6)を解析対象として三相 Y 接続回路を考慮した三次元有限要素法により諸特性解析を行っている。図 3-12 に解析モデルを示す。回転子鉄心および固定子鉄心はケイ素鋼板、二次導体はアルミニウムでできている。解析領域は、モデルの周期性と対称性により、周方向に 1/2、軸方向に 1/2 とした。固定子鉄心ならびに回転子鉄心の磁気的非線形性を考慮する

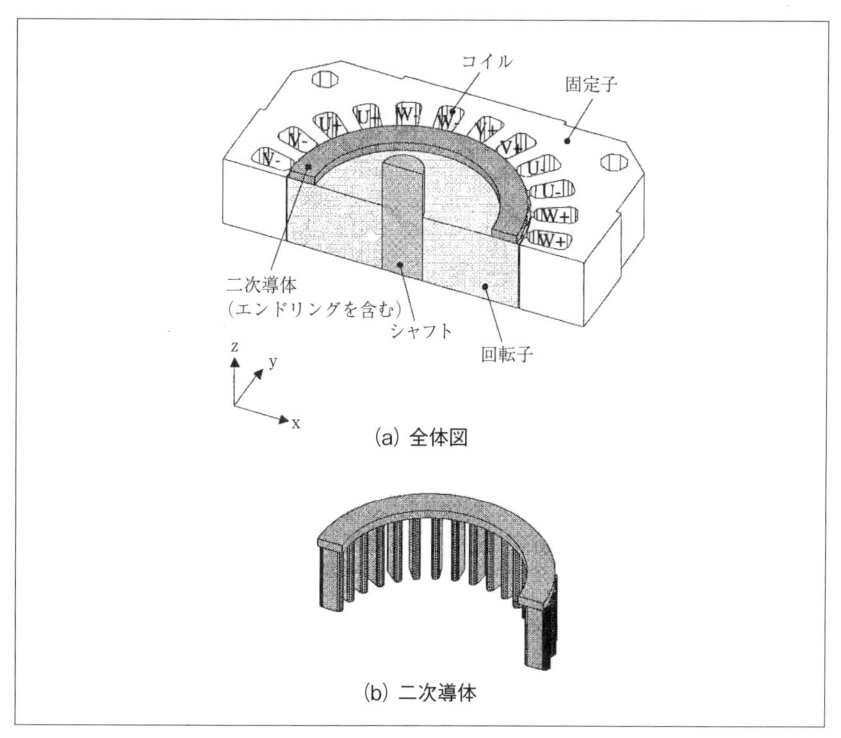

(a) 全体図

(b) 二次導体

〔図 3-12〕誘導電動機（IM）の解析モデル

ために用いたB-H曲線を図3-13に示す。図3-14に三次元分割図を、表3-3に本IMの仕様を示す。

３－３－２．解析結果と検討

回転数を1000rpm（すべり1/3）として動作特性解析を行い、その結果を従来法である独立三相回路（三相電圧源を位相が異なる独立した電圧源とした定義した回路）を用いて解析した結果と比較し、検討する。

図3-15に定常時の磁束密度ベクトル分布を示す。なお、独立三相回路を電圧源とした場合の分布は、同様であった。

図3-16にトルクの時間的変化を示す。誘導電動機の動作特性解析では、定常状態を求めるために、多くのステップ数の計算をする必要がある。そこで、計算時間の短縮を図るために、図3-16に示すように区間A、B、C、Dにおいて時間刻み幅をそれぞれ電気角で30°、15°、10°、2.5°

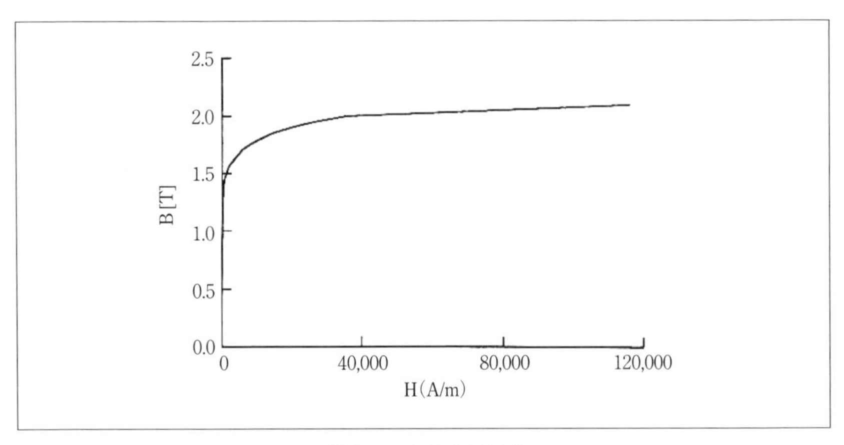

〔図3-13〕B-H曲線

〔表3-3〕誘導電動機（IM）の仕様

印加電圧（線間）	100 V
コイルの抵抗値	2.92 Ω / 相
コイルの巻数	66 turn/ スロット
スロット数	24（固定子）, 34（回転子）
二次導体の導電率	2.9841×10^7 S/m
電源周波数	50 Hz

として解析を行った。この図からもわかるように、誘導電動機の動作特性解析では、ステップ数が少ないときにおいて、しばらくの間、負のトルクが現れることがあるので注意が必要である。

図 3-17 に定常時のトルク波形を示す。図より、定常時トルク波形は、

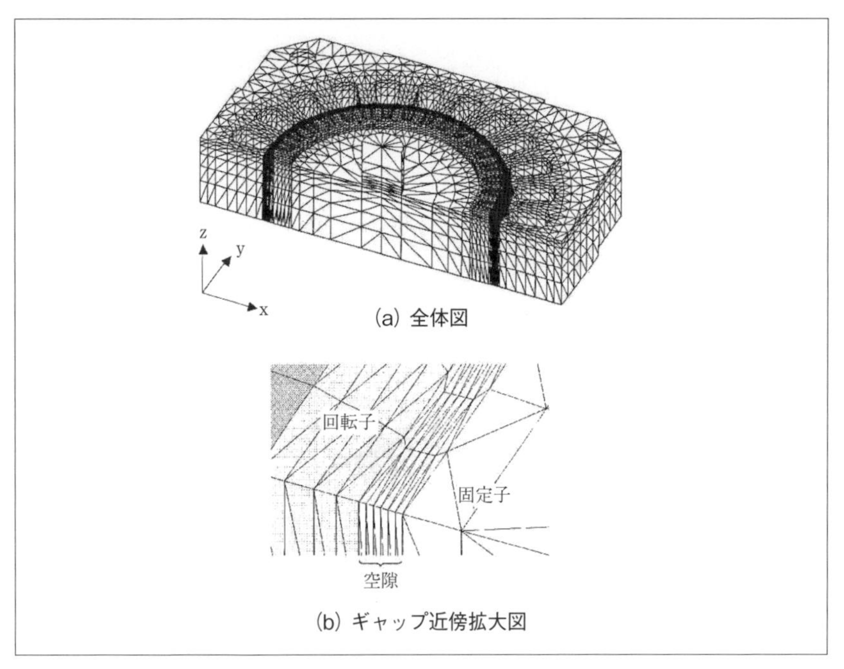

〔図 3-14〕誘導電動機（IM）の三次元分割図

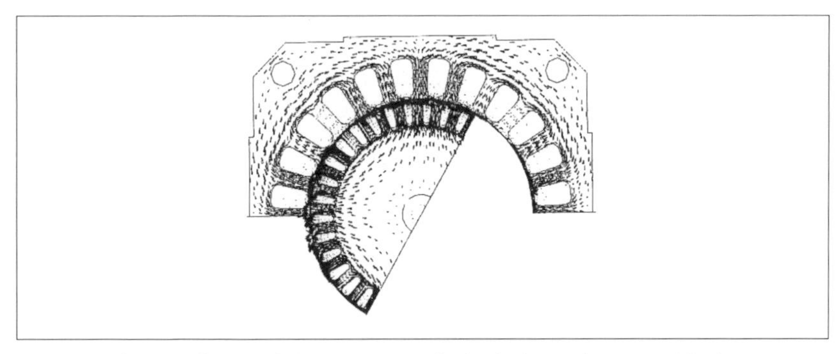

〔図 3-15〕磁束密度ベクトル分布（電気角 180°、z=0 断面）

ほぼ一定の値を示すが、スロットの影響により細かなリプルを有していることがわかる。また、Y 接続回路と独立三相回路ではほぼ等しいトルク波形が得られていることがわかる。

図 3-18 に定常時の電流波形を示す。図より、電流波形においても、Y 接続回路と独立三相回路ではほぼ等しい波形が得られていることがわかる。そこで、図 3-19 に独立三相回路で得られた各相の電流値の総和を示す。独立三相回路では、各相が互いに独立した単相として取り扱われるため、Y 接続回路では零となる三相電流の総和が、零ではないものとして計算されることがわかる。

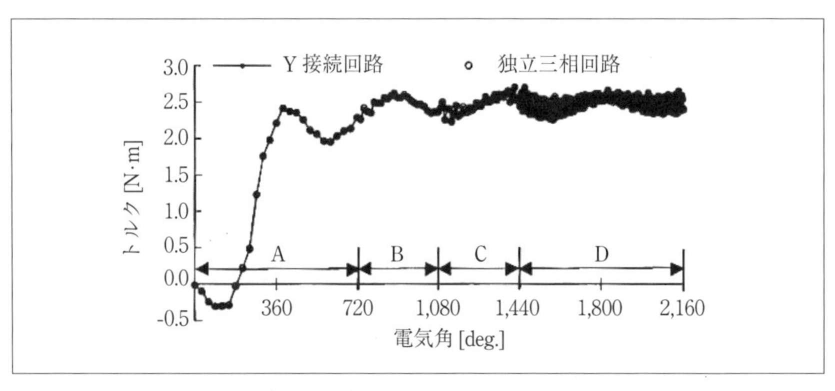

〔図 3-16〕トルクの時間的変化

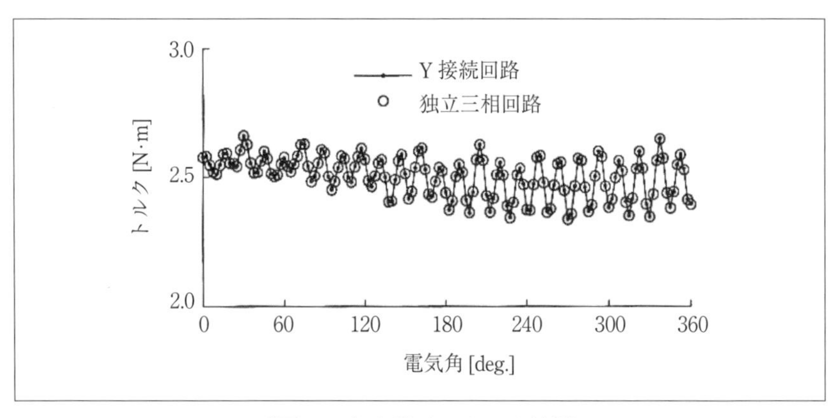

〔図 3-17〕定常時のトルク波形

回転数を0rpm（すべり1）～1500rpm（すべり0）に変化させて定常特性解析を行い、図3-20、図3-21に示す速度-トルク特性と速度-電流特性を得た。どちらの結果も計算値は実測値[6]と非常によく一致しており、解析の妥当性が示されている。

図3-22に誘導電動機の中性点における電位の変動を示す[5]。図より、回転数が高いほど、中性点の電圧の変動の周波数が高くなることがわかる。また、図3-22（c）と図3-19の振動の周波数は等しく、いずれもスロットの影響であると考えられる。

表3-4に解析諸元を示す。

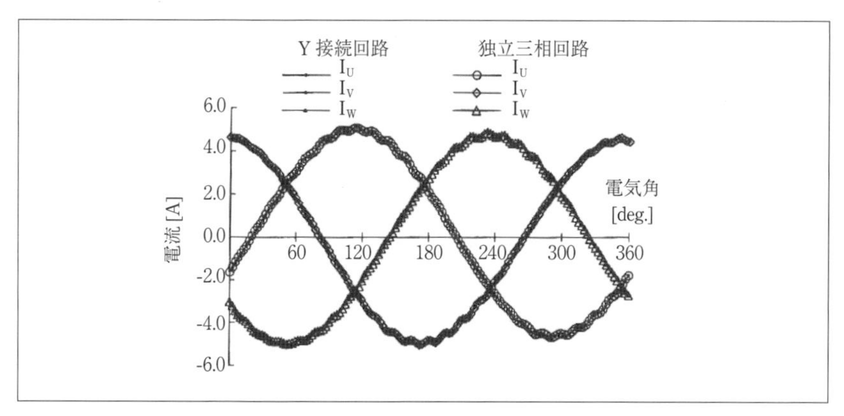

〔図3-18〕定常時の電流波形

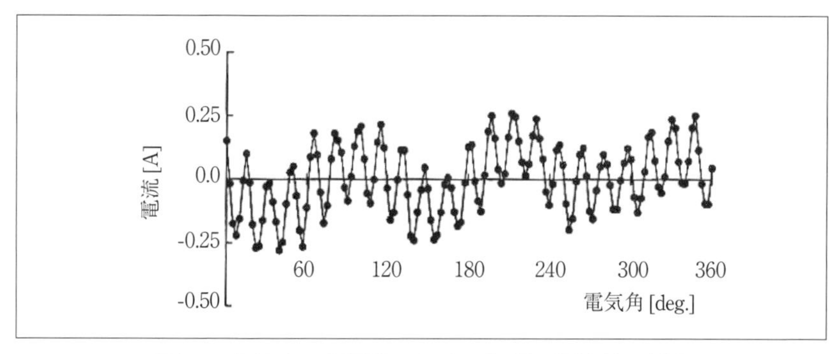

〔図3-19〕独立三相回路における各相の電流値の総和

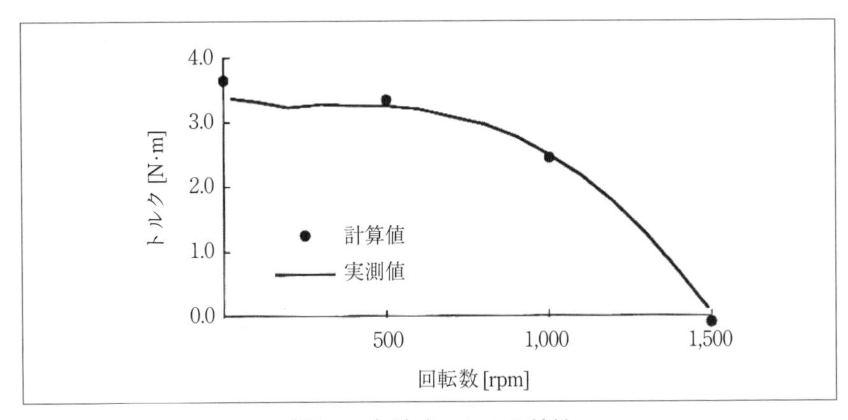

〔図 3-20〕速度 - トルク特性

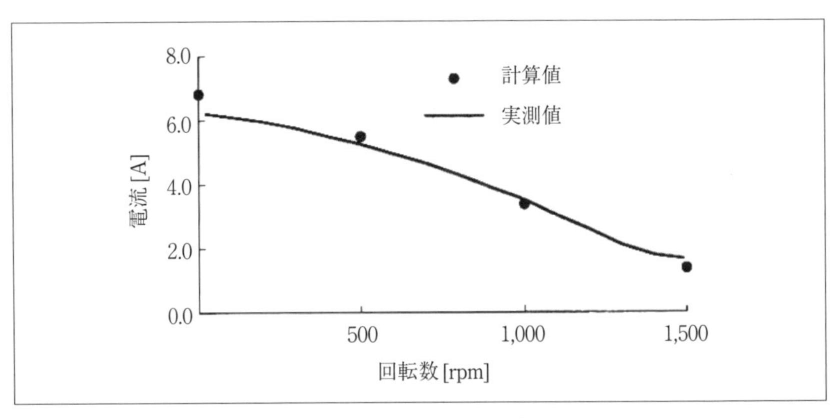

〔図 3-21〕速度 - 電流特性

〔表 3-4〕解析諸元（誘導電動機 1000rpm 時）

要素数	315,216
節点数	55,759
辺数	383,266
未知数	367,448
非線形の平均反復回数	8.7
ステップ数	661
1ステップあたりの計算時間[hours]	2.5

使用計算機：Pentinum Ⅲ 850MHz 搭載 PC

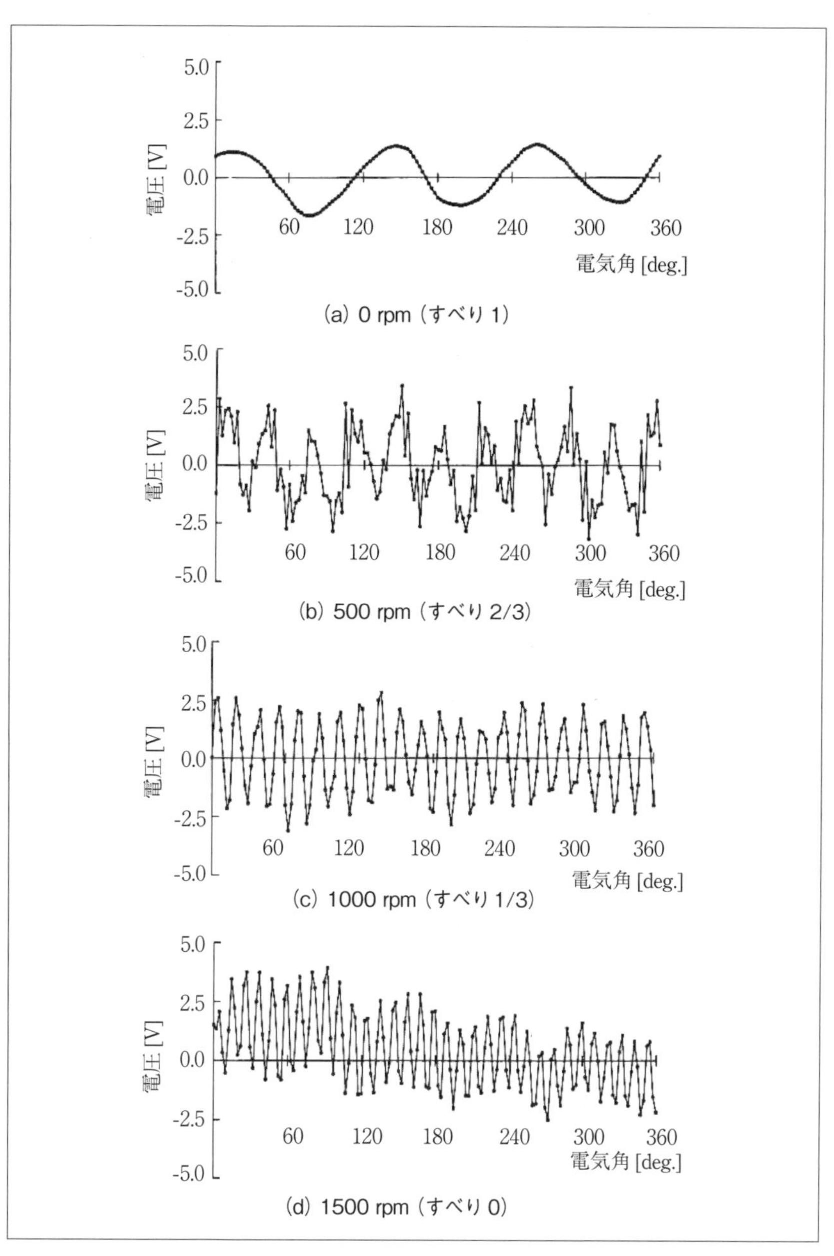

〔図 3-22〕誘導電動機の中性点における電位の変動

参考文献

1) 回転機電磁界解析ソフトウェアの適用技術調査専門委員会：「回転機電磁界解析ソフトウェアの適用技術」，電気学会技術報告第486号(1994)
2) 山口忠，河瀬順洋，佐野新也：「有限要素法を用いたスキューを考慮した回転機の三次元磁界解析」，電気学会静止器・回転機合同研究会資料，SA-03-12/RM-03-12 (2003)
3) 電磁界解析による回転機の実用的性能評価技術調査専門委員会：「電磁界解析による回転機の実用的性能評価技術」，電気学会技術報告第1244号(2012)
4) 河瀬順洋，山口忠，中野智仁，田中憲：「埋込磁石構造回転機における固定子鉄心形状がトルクおよび損失特性に及ぼす影響」，平成23年電気学会全国大会，5-033 (2011)
5) 河瀬順洋，山口忠，鳥沢正孝，水野泰成：「Y接続回路を考慮した誘導電動機の三次元有限要素解析」，電気学会回転機研究会資料，RM-00-99 (2000)
6) 回転機のバーチャルエンジニアリングのための電磁界解析技術調査専門委員会：「回転機のバーチャルエンジニアリングのための電磁界解析技術」，電気学会技術報告第776号(2000)

最適設計例 ◁◁ 第4章

４－１．表面磁石構造同期電動機（SPMSM）のコギングトルク低減設計

４－１－１．ティース形状の最適化

本節では、最適化問題として、定常トルクを制約条件としたSPMSMのコギングトルク最小化を取り上げる[1)]。

形状最適化に伴うGAでは、個体のもつ遺伝子と解析モデルの設計パラメータが対応するようにコーディングをする。解析モデルは辺の長さや角度など複数の設計パラメータの集まりであり、これらの値に応じてパラメトリックに変形するものとする[2)]。対して、個体も複数の遺伝子の集まりであるので、遺伝子型と表現型で一対の関係となる。たとえば、図4-1に示した二次元平面の形状において、凸部の高さを変更したいとする。この場合、凸部の頂点となる2節点A、Bに対し探索範囲を設定し、その範囲内を等分割（図4-1では9分割）することで、それぞれの分割位置に遺伝子を割り当てる[3)]。これにより、遺伝子の値0～9に応じて凸部の高さが変更されるため、ある遺伝子と高さという設計パラメータが対応したことになる。同様に複数の設計パラメータに対してもコーディングを行うことで、それらの組み合せ最適化問題を取り扱うことができる。

図4-2に示した三相4極SPMモータの1/8モデル（周方向1/4、軸方向1/2）を解析モデルとして、GAにより定常トルクを制約条件としたコ

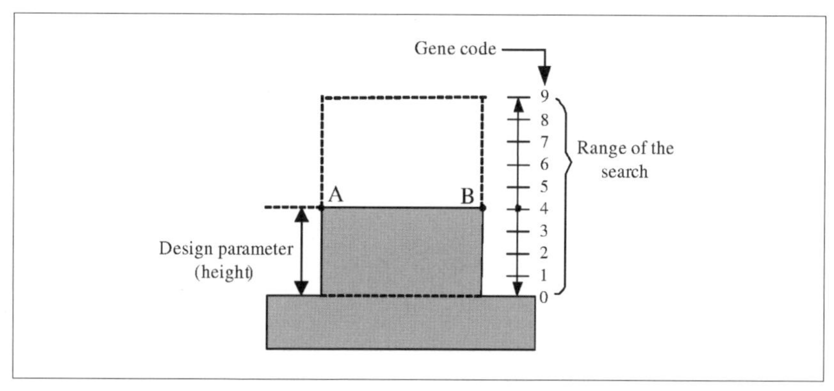

〔図4-1〕コーディング方法

ギングトルク最小化を行う。解析条件を表4-1に示した。なお、評価対象はトルク波形の1周期分が得られる機械角0～30°の範囲とした。コーディングはその形状がコギングトルクに影響を及ぼすと思われるステータコアに対して、図4-3に示す3つの探索範囲を設定した[4)]。1桁目の遺伝子はコイル部分の形状について、図4-3 (a) のようにロータ側部分の角度を0～67.5°までを7.5°間隔で0～9に対応させ、10段階に変化させる。また、同時にコイルのステータ外側寄り部分も、ロータ側部分の角度の増加に合わせて0～2.9mmの範囲で節点を移動させる。2桁目はティース先端の形状について、図4-3 (b) のように凹凸2パターンの溝をつくり、溝の幅を左右対称に1°ずつ変化させ、それぞれ5分割させる。3桁目は2桁目の遺伝子で作成した溝の深さを0.1～0.4mmまでを0.03mm間隔で10分割している。以上のように3箇所の形状変化

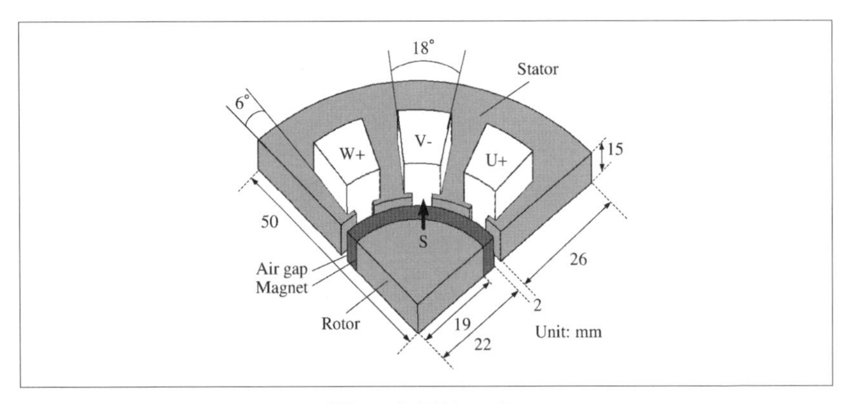

〔図4-2〕解析モデル

〔表4-1〕解析条件

要素数	133680
節点数	25058
辺数	164173
未知変数	149566
解析ステップ数	31
磁性材料	50H250
コイル巻数 [turn/slot]	1000
磁化の強さ [T]	1.0

を 10 進数 3 桁の遺伝子で表現するため、ステータコアの形状は（0～9, 0～9, 0～9）の行列で示され、その組合せの総数は 1000 通りとなる。

GA パラメータの設定を表 4-2 に示した。十進数を用いたパラメータ表現では 0 ～ 9 のように遺伝子の取りうる値の種類が多くなる。そのため、初期集団内に十分な多様性を与えるために初期集団のサイズは 30 と大きく設定している。また、世代交代において集団が特定の遺伝子に偏りやすく、多様性の維持が困難となるため、トーナメントサイズを 3 として選択圧を弱くしている。GA では定常トルクを制約条件としたコ

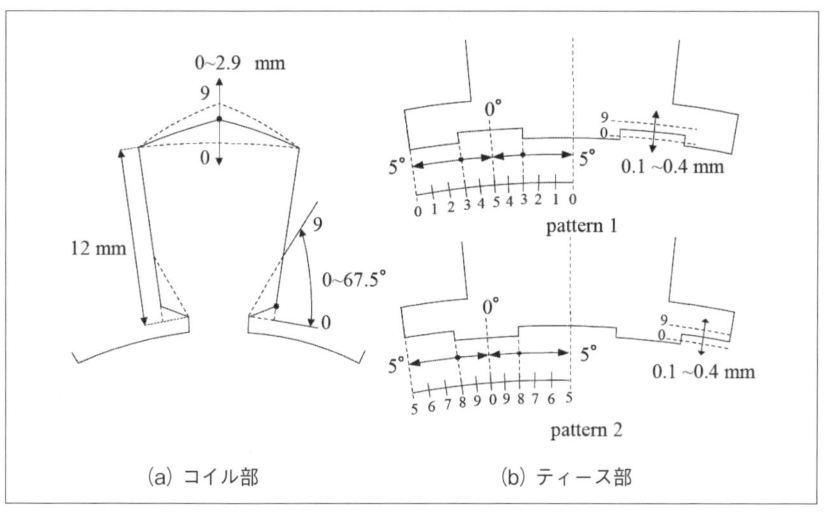

(a) コイル部　　(b) ティース部

〔図 4-3〕形状パラメータ

〔表 4-2〕GA パラメータ

遺伝子長	3
交叉方法	1 点交叉
母集団のサイズ	12
選択方法	エリート、トーナメント併用方式
エリートの数	3
遺伝子の種類	10
突然変異率	0.05
終了世代数	100
終了判定世代数	25

ギングトルク最小化を行うため、目的関数として次式を定めた[5)]。

$$f=\begin{cases}\dfrac{1}{\sum_{i=1}^{N}|T_{Ci}|} & T_s \geq T_{s0}\cdot T_h \\ 0 & T_s < T_{s0}\cdot T_h\end{cases} \quad \cdots\cdots (4\text{-}1)$$

ここで、N は解析ステップ数、T_{Ci} は i ステップ目でのコギングトルクの値であり、適応度 f はコギングトルク波形の面積の逆数で計算される。したがって、f を最大化することがコギングトルクを最小化することになる。また、T_s は解析個体の定常トルクの平均値、T_{s0} は初期形状の定常トルクの平均値であり、T_h は制約条件として定常トルクの下限値を定める因子である。ここでは T_h=0.985 とし、定常トルクが初期形状の 98.5% 未満に減少した個体については、適応度を 0 とする制約を与えることで集団から高確率で淘汰させる。世代数が 100 以上となるか、集団内での最良個体が 50 世代以上同じ個体であった場合、進化が止まったものと判断し、その時点での最良個体を最適解とみなして終了させている。

結果を図 4-4 に示した。縦軸に集団内の最大適応度を示し、横軸に世代数として表している。GA で得られた解は（9, 2, 9）であり、その形状

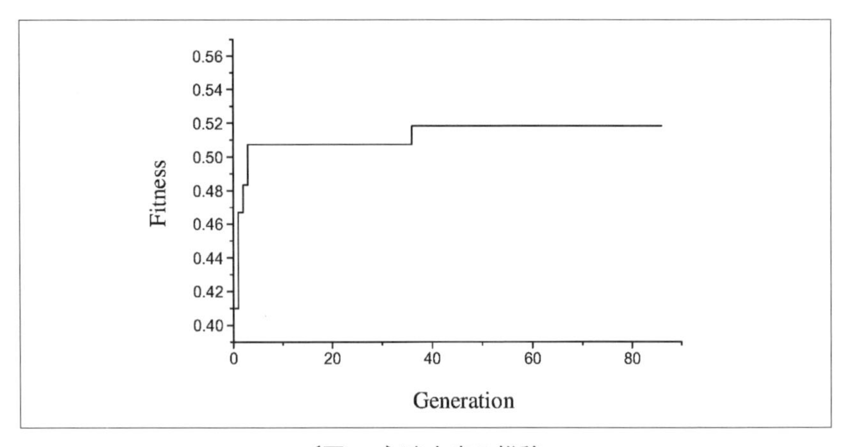

〔図 4-4〕適応度の推移

を最適形状とする。図 4-5 に適応度の推移における形状変化を示す。初期形状と最適形状について、非励磁状態での磁束密度分布を図 4-6 に、コギングトルクと定常トルクの波形の比較を図 4-7 に示した。図 4-4 よ

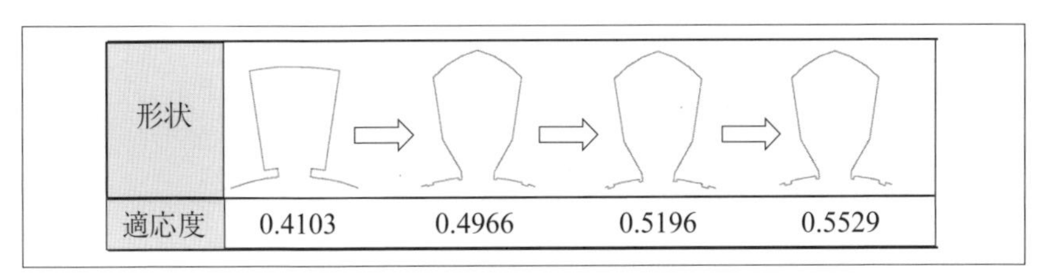

〔図 4-5〕形状の推移

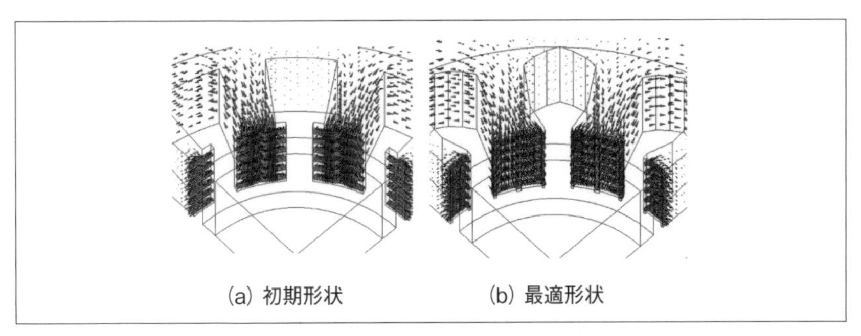

〔図 4-6〕磁束密度ベクトル分布

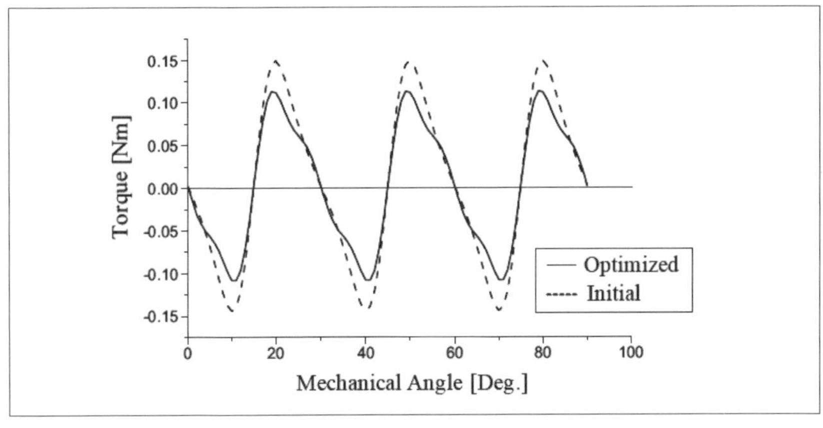

〔図 4-7〕コギングトルク波形

り、86世代の間に4回の進化が起こり、適応度fは初期形状の0.47から最適形状では0.55と1.17倍に向上した。図4-7から、コギングトルクは最大振幅でおよそ25%の低減であり、定常トルクは1.44%の減少であることから、制約条件（定常トルクの減少が1.5%未満）の中でコギングトルクの最小化ができたといえる。

4－1－2．段スキューの最適化

本節では、この永久磁石にスキュー[6)]を施し、コギングトルクを最小化するような配置を決定する[7)]。

SPMモータ三次元モデルにおけるスキュー構造のコーディングには、ON-OFF法を用いた。ON-OFF法ではまず、解析領域を格子状に分割する。ここでは、図4-8のように、回転子表面の永久磁石領域を軸方向に10分割、周方向に16分割することで10×16の二次元行列として表現する。分割した小領域ごとに設計変数を割り当て、1であればN極、0であればS極というよう材料定数に対してコーディングを行う。この方法であれば、格子点の位置は設計変数によって変わらないため、モデルごとの

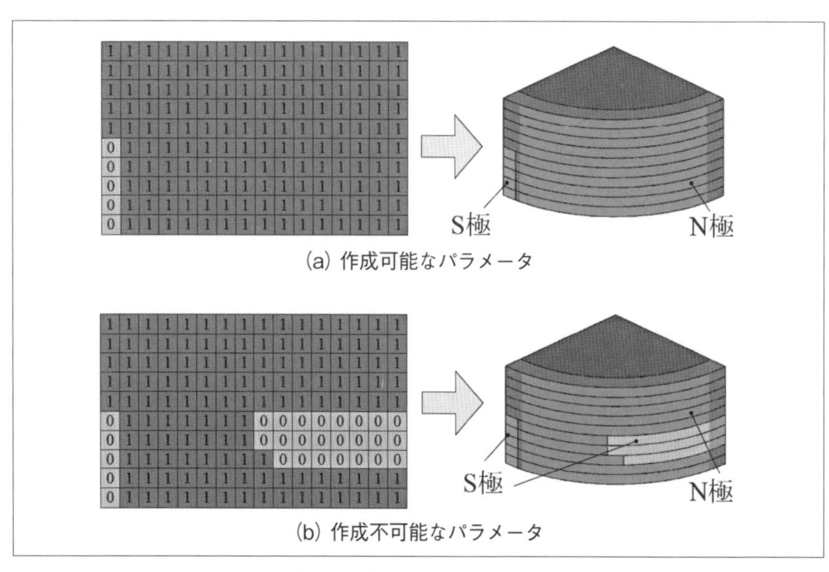

(a) 作成可能なパラメータ

(b) 作成不可能なパラメータ

〔図4-8〕設計パラメータ

リメッシュは必要ない。また、160 個の 0, 1 ビット列の組合せ最適化であるため、GA のような最適化アルゴリズムを使用することが可能である。ただし、図 4-8 (b) のように、下から 3～5 層目では 90°の周期内に N と S が交互に現れてしまっており、スキュー角を定義できない。そこで、図 4-9 に示すように、回転子の周方向に 0～90°方向に向かって横棒グラフを伸ばしていくように設定し、グラフの長さに対して 10 進数でコーディングする。つまり、スキュー角度が 0～15 までの 16 段階で表され、図 4-8 (a) は (0, 0, 0, 0, 0, 1, 1, 1, 1, 1)、図 4-9 のモデルは (1, 2, 3, 4, 5, 6, 7, 8, 9, 10) と表現する。一方で、図 4-8 (b) は表現不可能であるため、探索範囲外となる。

ON-OFF 法によるコーディングは、リメッシュなしに形状変化を実現できるため、三次元モデルの形状最適化に向いた手法である。しかし、詳細な解を得るためには探索領域を細分しなければならないという問題がある。たとえば、前項までのコーディングにおいて、1°刻みのスキュー角が必要であれば周方向には 90 分割の格子が必要になる。一般的に、設計変数が多いほど最適化では収束性が悪化するため、問題である。そこで、図 4-10 に示すように、段階的に ON-OFF 法を行うことで効率的に最適化を行う。これを多段階コーディングといい、はじめは探索領域

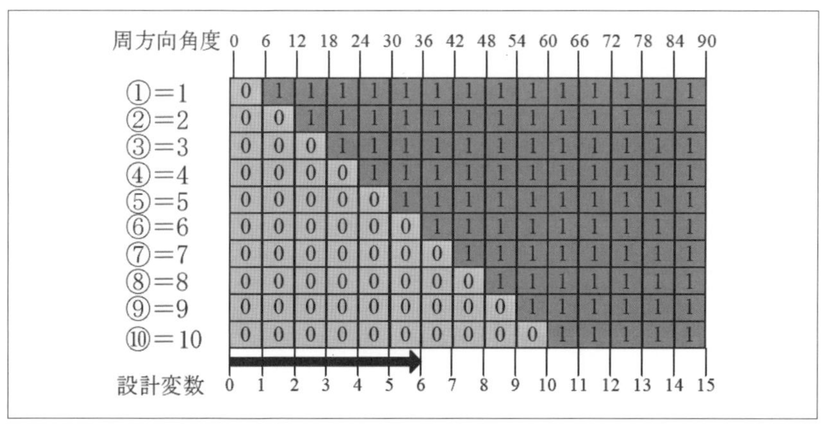

〔図 4-9〕スキュー角度に対するコーディング

を粗く分割し、得られた必要に応じて細分していく方法である。ここでは、スキュー角度の刻みを小さくしたり、積層幅を狭くしたりすることで、より詳細なスキューを決定することができる。

評価には三次元のコギングトルク解析で得られたコギングトルクとギャップ中の磁束密度を用いる。スキューではスキュー角を大きくしたほうがコギングトルク低減効果を期待できるが、鎖交磁束数が減少してしまうという問題がある。そこで、ギャップ中の磁束密度を制約条件として設定する。

$$\text{maximize} F_i = \frac{100}{W_i} \qquad \cdots\cdots\cdots\cdots \quad (4\text{-}2)$$

$$W_i = W_C \cdot RATE_C + W_B \cdot (100 - RATE_B)$$

ただし、W_C と W_B は重み関数であり、$RATE_C$ と $RATE_B$ は次式で与えられる。

$$RATE_C = \frac{T_{Ci}}{T_{C_0}},\ RATE_B = \frac{B_i}{B_0} \qquad \cdots\cdots\cdots\cdots \quad (4\text{-}3)$$

ここで、T_{Ci} は i 番目の個体のコギングトルクの p-p 値、T_{C0} は初期モデルのコギングトルクの p-p 値、B_i は i 番目の個体のギャップ中磁束密度の平均値、B_0 は初期モデルのギャップ中磁束密度の平均値である。

(4-2) 式より、初期形状に対してギャップ中の磁束密度を維持しつつ、

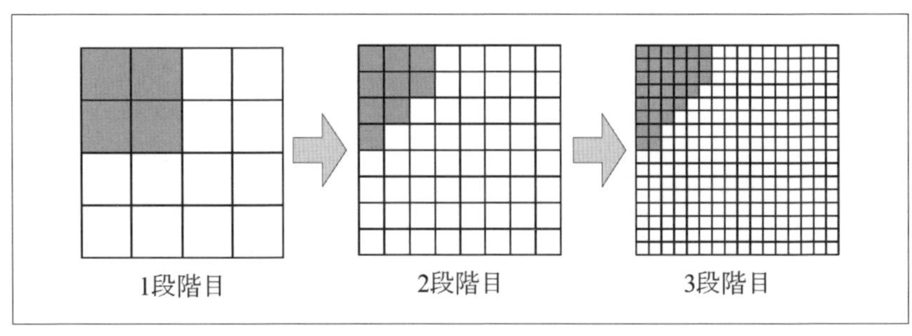

〔図 4-10〕多段階コーディング

コギングトルクが減少する個体を探索する。このトレードオフの関係は重み関数によって調整可能であり、ここでは W_C=1、W_B=3 として設定した。

最適モデルのトルク波形を図 4-11 に、ギャップ中の磁束密度分布とロータ形状を図 4-12 に示した。最適解は (10, 9, 8, 8, 7, 10, 9, 8, 7, 6) であり、回転子の 40～60°付近でスキューのような形状が二段作成された。

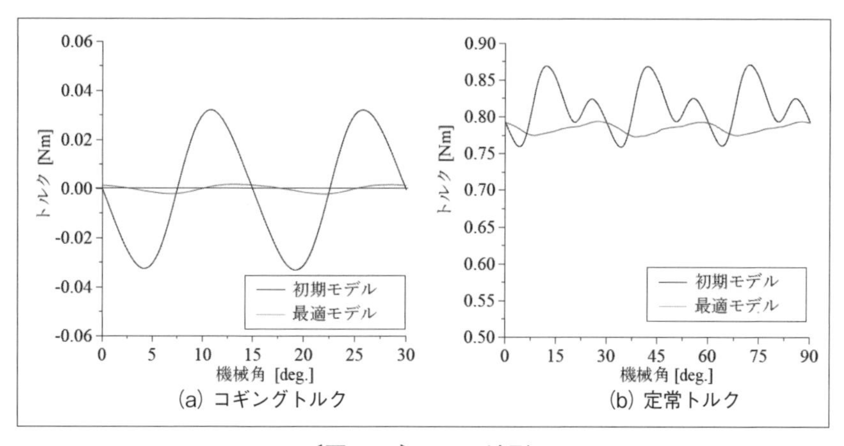

〔図 4-11〕トルク波形

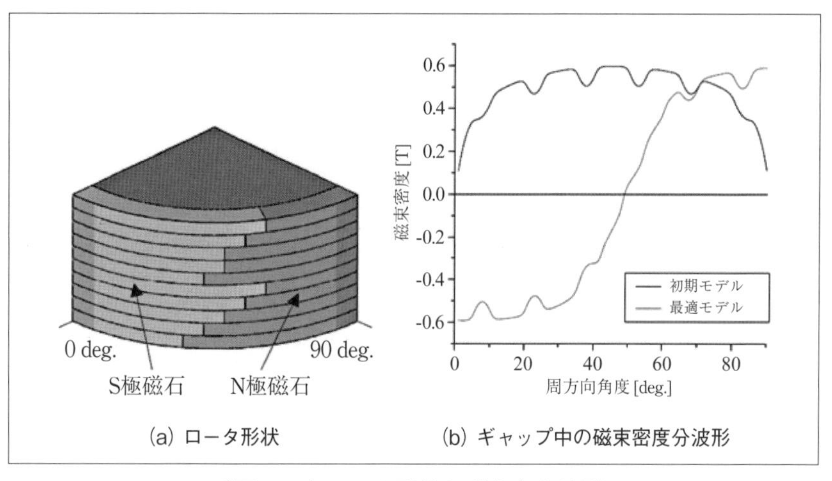

〔図 4-12〕ロータ形状と磁束密度波形

スキューにより磁束密度や定常トルクも減少しているが、コギングトルクは94% 減少した。

多段階コーディングを適応することで、より細かいスキュー角度を導出する。図4-13に示すように、1段目から前後に−6°〜+8°の範囲に2°刻みで探索範囲を設定する。このとき、1段階目のコーディングにおける最適解の近傍を含めることで、1段階目の準最適解の探索も行うことができる。ここで、GAのパラメータは、コーディングで用いるビット数が4から3ビットになったことから、遺伝子長のみ40から30となる。また、解析するメッシュモデルは1段階目と同じである。

1段階目と同じように、最適モデルの特性を図4-14、図4-15に示した。最適解は (5, 5, 5, 4, 6, 4, 5, 2, 1, 2) であり、1段階目のモデルよりも上下2段のスキュー角に差が生じた。スキュー角が広がったことにより、さらにコギングトルクの減少を可能とした。

４−２．埋込磁石構造同期電動機（IPMSM）のコギングトルク低減設計

４−２−１．フラックスバリア構造最適化

本節では、設計自由度を高めるために、多角形処理を追加し、形状探索を行う手法にてフラックスバリアの構造最適化を行った結果を示す[8]。

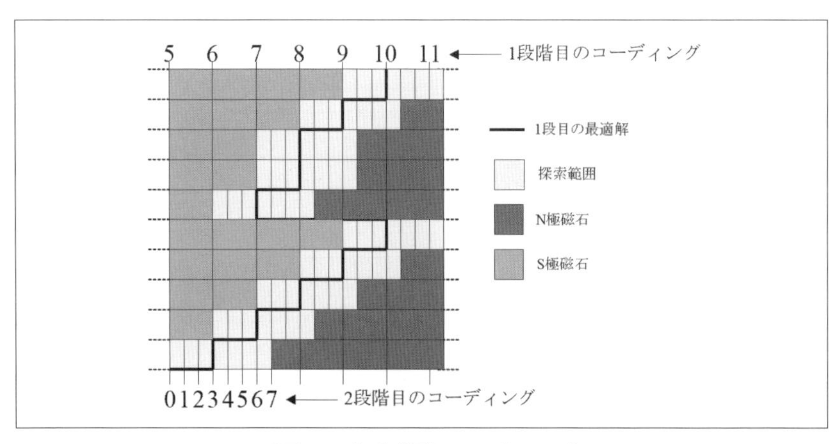

〔図4-13〕多段階コーディング

また、最適化手法として、焼きなまし法（Simulated Annealing：SA）[9]、解析対象として、4極24スロットのIPMSMを用いる。図4-16に解析対象のメッシュモデルを示す。

図4-16のモータ形状を基本モデルとし、解析諸元を表4-3に示す。このモータの永久磁石は磁化1.25Tの希土類磁石、コア材料は回転子、固

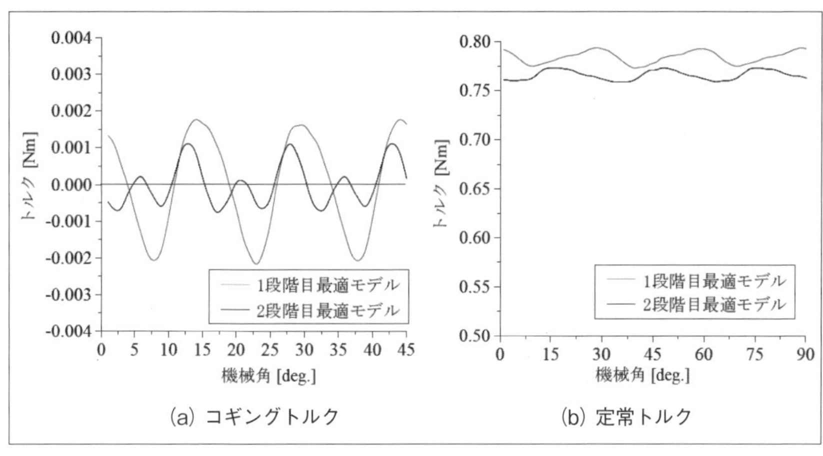

(a) コギングトルク　(b) 定常トルク

〔図4-14〕2段階目トルク波形

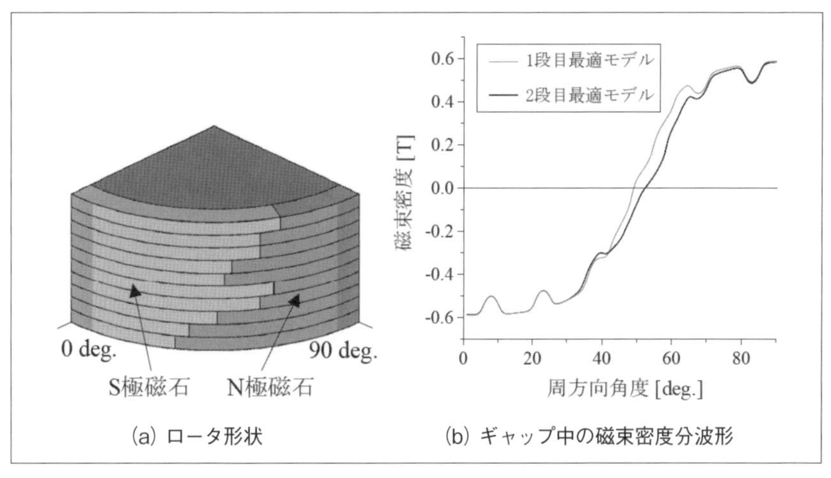

(a) ロータ形状　(b) ギャップ中の磁束密度分波形

〔図4-15〕2段階目ロータ形状と磁束密度波形

定子ともに50A350を使用しており、シャフトにはs45cを使用している。解析時の積層は60mmとする。回転子は反時計回りとする。なお、初期モデルは図4-16のフラックスバリア、ボルト穴がない永久磁石ののモデルとする。解析で得られた定常トルクT_sとコギングトルクT_Cを用いて、目的関数は（4-4）式もしくは（4-5）式より計算する。この２つの式を用いて、定常トルクが大きく、もしくはコギングトルクが小さくなるようなモデルを探索する。

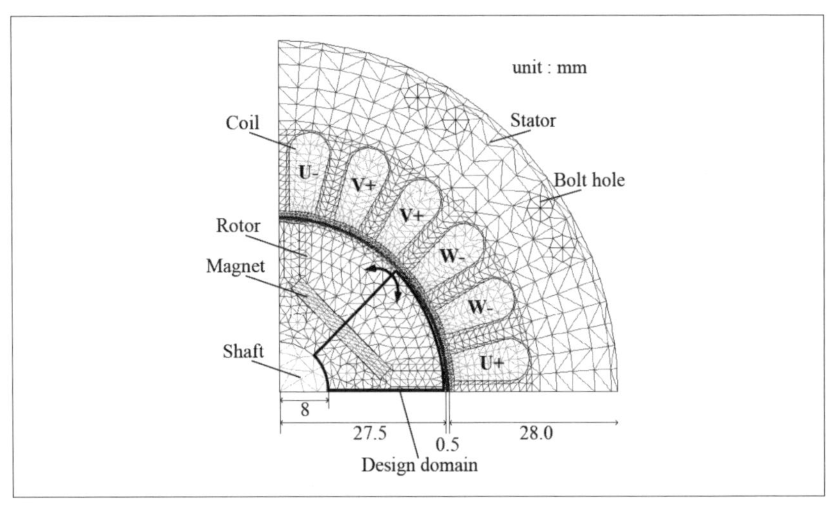

〔図 4-16〕解析モデル分割図

〔表 4-3〕解析諸元

残留磁束密度[T]	1.25
コア材料（固定子、回転子）	50A350
コア材料（シャフト）	s45c
巻き数[turn/phase]	140
固定子半径[mm]	56.1
回転子半径[mm]	27.5
ギャップ距離[mm]	0.50
電流周波数[Hz]	50
電流値(rms)[A]	3.0

$$W_s = \left| \sum_{i=1}^{N_S} T_{si} \right| \quad \cdots\cdots \quad (4\text{-}4)$$

$$W_c = \left| \sum_{i=1}^{N_C} T_{Ci} \right| \quad \cdots\cdots \quad (4\text{-}5)$$

なお、添字 i は回転角 i 度での値であることを示している。

本手法では、固定子側を変化させないため、定常トルク、コギングトルクの周期は変化しない。そのため、定常トルクの 1 周期は N_s=30、コギングトルクの 1 周期は N_C=15 とする。また、定常トルクを上昇させる (4-4) 式を用いるとき、制約条件として W_C の値が基本モデルに比べて大きくなった場合は 1 つ前のモデルにロールバックし、同様にコギングトルクを減少させる (4-2) 式を用いるとき、W_s の値が基本モデルに比べて小さくなった場合は 1 つ前のモデルにロールバックする。なお、(4-5) 式を用いる際、永久磁石のみの初期モデルのコギングトルクはほぼゼロであるため、最初は (4-4) 式を用いて基本モデルにおける W_s の値が上回るまでモデルを進化させる。その後、コギングトルクを減少させる (4-5) 式へと目的関数を変更することで、定常トルクの平均値が基本モデルの平均値を下回らずにコギングトルクのみが減少されたモデルが得られる。

モデル操作のパラメータを表 4-4 に、SA のパラメータを表 4-5 に示す。表 4-4 は各モデル操作の確率であり、まず対象となるオブジェクトと節

〔表 4-4〕モデル操作の確率

(対象) オブジェクト	0.10
追加	0.40
削除	0.30
移動	0.30
(対象) 頂点	0.90
追加	0.30
削除	0.10
移動	0.60

点のいずれかを選択する。その後、追加、削除、移動のいずれかを選択することで、計6パターンのモデル操作を行うこととなる。表4-5は（4-4）式の目的関数を用いる場合と（4-5）式の目的関数を用いる場合とでパラメータが異なる。SA では、温度と呼ばれるパラメータを使用し、温度が高い場合は改悪解であっても遷移しやすく、低い場合は遷移しにくい。始めは温度を高く設定し、探索が進むにつれて徐々に下げていく。これによりローカルな局所解に陥りにくくなる。本節では、1 回の評価毎に温度更新パラメータを掛けていくことで温度を小さくしていく。この温度が初期温度の 1000 分の 1 となった場合、探索を終了させる。また、100 回の評価で、解が更新されない場合は、局所解に陥った可能性が高いと見なし、前回の更新時の温度まで戻す。

（4-4）式を用いた解析結果として、得られた最適化形状を図 4-17 に、進化プロセスを図 4-18 に、また、定常トルク特性を図 4-19 に示す。（4-5）式を用いた解析結果として、得られた最適化形状を図 4-20 に、進化プ

〔表 4-5〕目的関数による SA パラメータの違い

	W_s	W_c
初期温度	3	0.01
更新パラメータ	0.999	0.999
終了温度	0.003	0.00001

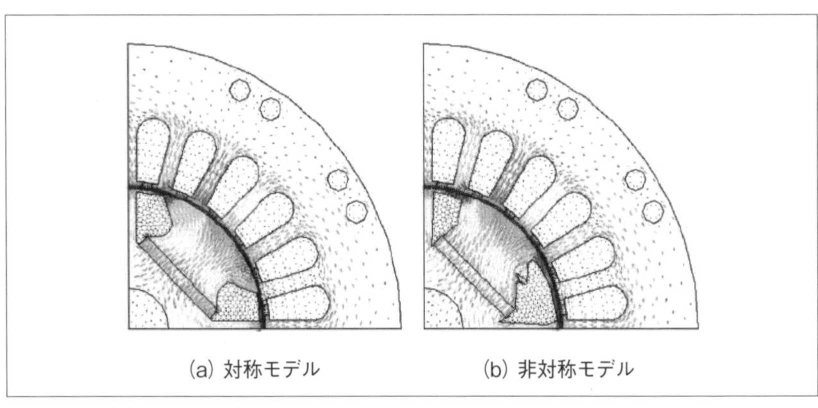

(a) 対称モデル　(b) 非対称モデル

〔図 4-17〕最適化形状（定常トルク最大化）

ロセスを図 4-21 に、また、コギングトルク特性を図 4-22 に示す。これらの進化プロセスの推移から定常トルクを上昇、もしくはコギングトルクを減少させるような探索が行われたことがわかる。(4-1) 式を用いた解析結果では、対称モデルで W_s=68.30、非対称モデルで W_s=67.08 となり、(4-2) 式を用いた解析結果では、対称モデルで W_C=0.0064、非対称

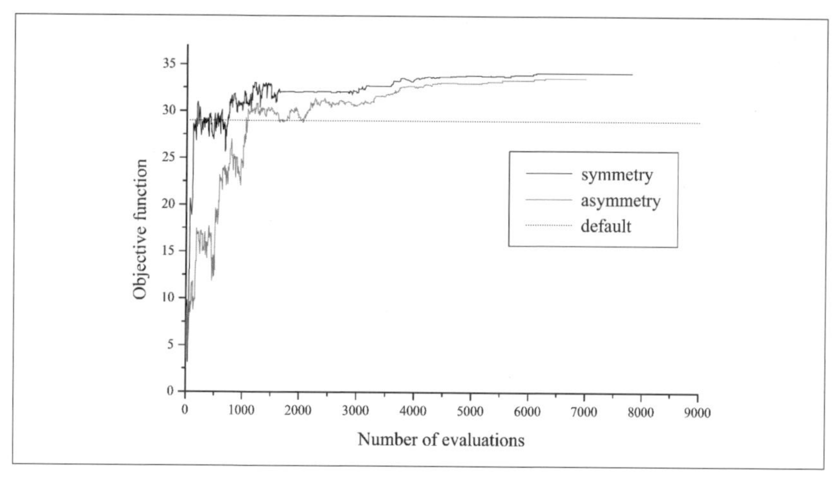

〔図 4-18〕進化プロセス

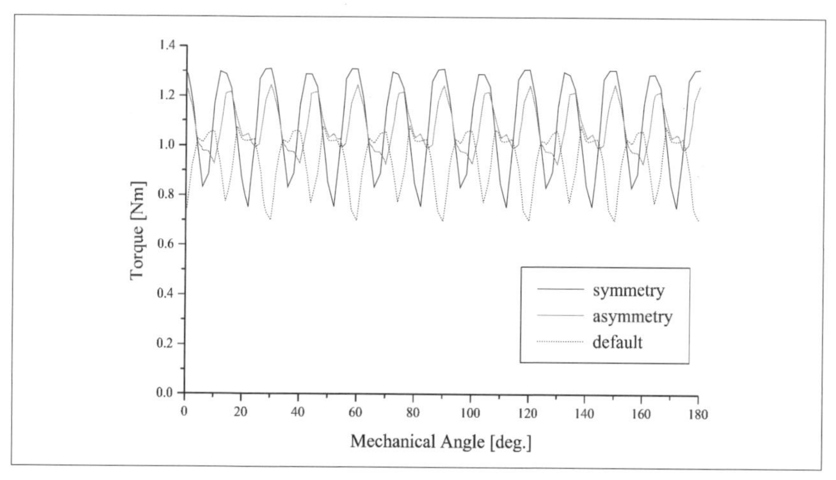

〔図 4-19〕定常トルク特性

モデルで W_C=0.0242 となった。目的関数の変化の割合は、定常トルク、コギングトルクそれぞれの値の変化の割合と同義である。つまり、(4-4) 式を用いた解析結果では、対称モデルで 17.8%、非対称モデルで 15.7% の定常トルクの上昇が得られ、(4-5) 式を用いた解析結果では、対称モデルで 98.4%、非対称モデルで 94.1% のコギングトルクの減少が得られた。

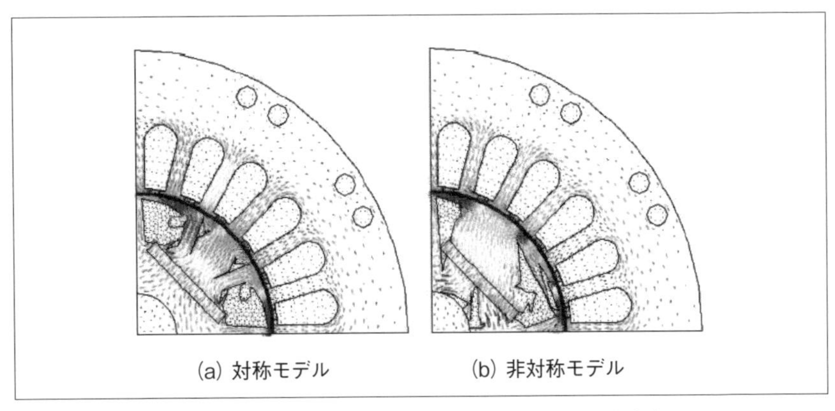

〔図 4-20〕最適化形状（コギングトルク最小化）

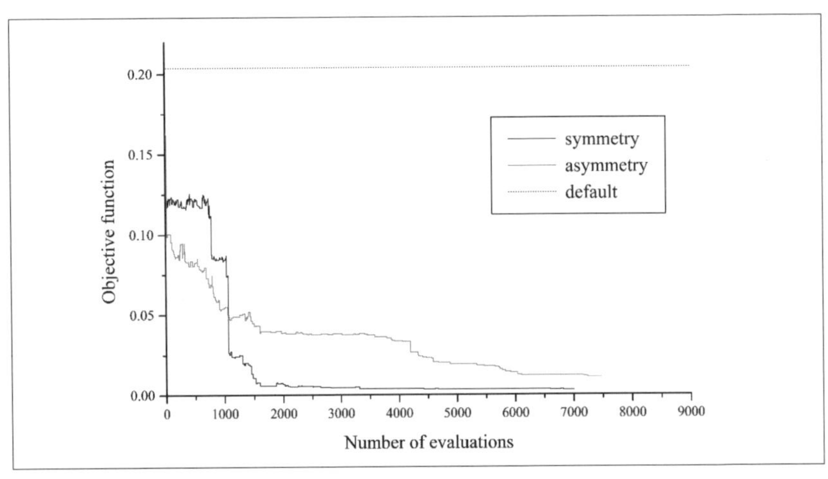

〔図 4-21〕進化プロセス

４－３．埋込磁石構造同期電動機（IPMSM）の鉄損低減設計

４－３－１．磁路最適化

遺伝的アルゴリズムの評価値に三次元有限要素法より得られた鉄損値[10]を用いて最適化を行う例を示す[11]。遺伝子のコーディングは、その形状が鉄損値に影響を及ぼすと思われる固定子および回転子に対して、図4-23に示す4つの探索範囲を設定した。1桁目の遺伝子はコイル部分の

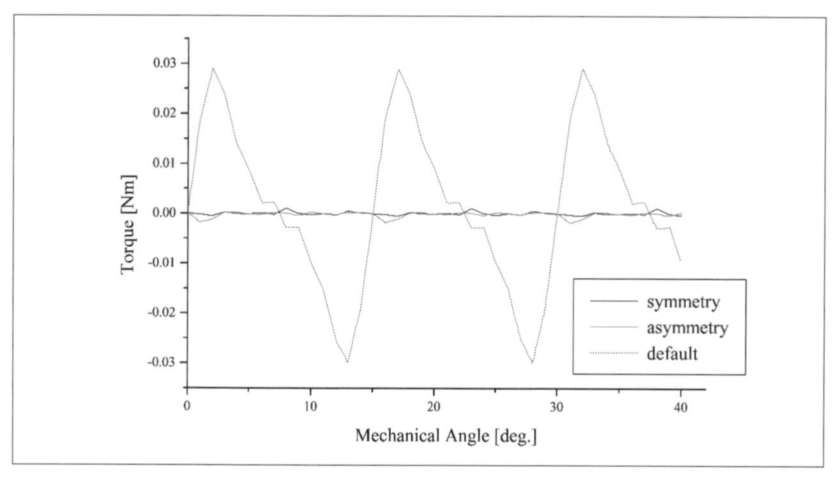

〔図4-22〕コギングトルク特性

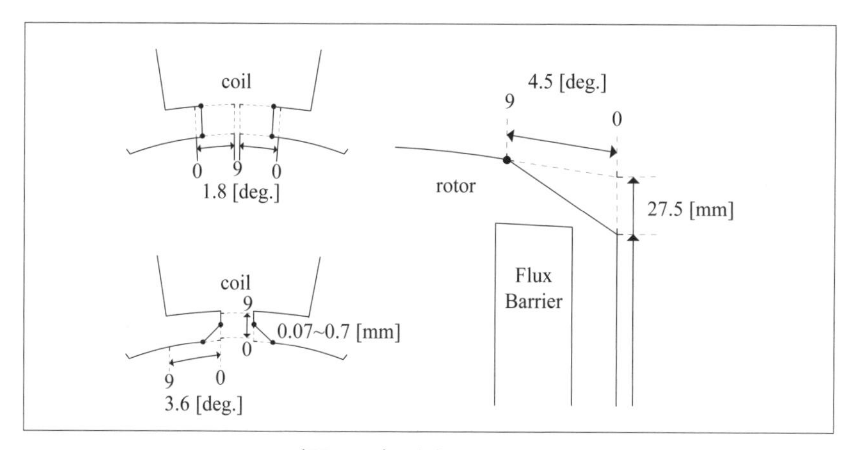

〔図4-23〕形状パラメータ

ティース形状について、ティース部分の幅を角度で 0 から 1.8°までの間隔で 0 から 9 の 10 段階に変化させる。また、2, 3 桁目はティースのギャップ側の角の形状について、厚さにして 0.07mm から 0.7mm までの間隔で 9 分割、幅にして 0 から 3.6°までを度間隔で 0 から 9 の 10 段階に変化させる。4 桁目は回転子のフラックススバリアの箇所に 0 から 4.5°までを度間隔で 0 から 9 の 10 段階に変化させる。以上のように 4 箇所の形状変化を 10 進数、4 桁で表現するため、固定子および回転子の形状は（0 ～ 9, 0 ～ 9, 0 ～ 9, 0 ～ 9）の行列で示され、その総数は 10000 通りとなる。この場合、初期形状となる遺伝子は（0, 0, 0, 0）である。評価には三次元有限要素法から得られた平均トルクと、鉄損値（ヒステリシス損、渦電流損）を用いる。鉄損値は、電気角 1 周期分の磁束密度波形から求めるため 360°分の解析が必要である [12)]。今回は、計算時間が膨大になりすぎてしまわないように電気角の刻み幅を 10°として 37 ステップの解析を行う。効率の向上を考え、定常トルクを下げることなく鉄損値を低減させるために、適応度 f を次式の目的関数より計算する。

$$f = \begin{cases} 0 & , T_s < T \\ \dfrac{(W_{e1} + W_{h1} + W_{e2} + W_{h2}) - (W'_{e1} + W'_{h1} + W'_{e2} + W'_{h2})}{W_{e1} + W_{h1} + W_{e2} + W_{h2}} \times 100 & , T_s \geq T \end{cases} \quad \cdots (4\text{-}6)$$

ここで、T は初期形状における定常トルクの平均値を、T_s は解析対象個体における定常トルクの平均値を表す。また、W_{e1}、W_{h1} は初期形状における回転子の渦電流損とヒステリシス損を、W_{e2}、W_{h2} は固定子の渦電流損とヒステリシス損を表し、W'_{e1}、W'_{h1} は解析対象個体における回転子の渦電流損とヒステリシス損を、W'_{e2}、W'_{h2} は固定子の渦電流損とヒステリシス損を表す。

図 4-24 に、各世代集団における適応度の進化プロセスを、図 4-25 に、最大適応度の個体の形状を示す。適応度は、最適形状では f=9.535 まで上がっている。この適応度の推移から鉄損を低減できるような形状、すなわち個体が生成されていき、目的関数を満たすような進化が行われた

ことがわかる。目的関数の設定から適応度である f が低減することができた鉄損の割合を表すので、今回の GA の結果では 9.535% の鉄損の低減を行うことができた。また、図 4-26 に鉄損値の比較、図 4-27 に定常トルク特性を示す。この結果から、定常トルクは減少することなく鉄損値の低減を行えたことがわかる。

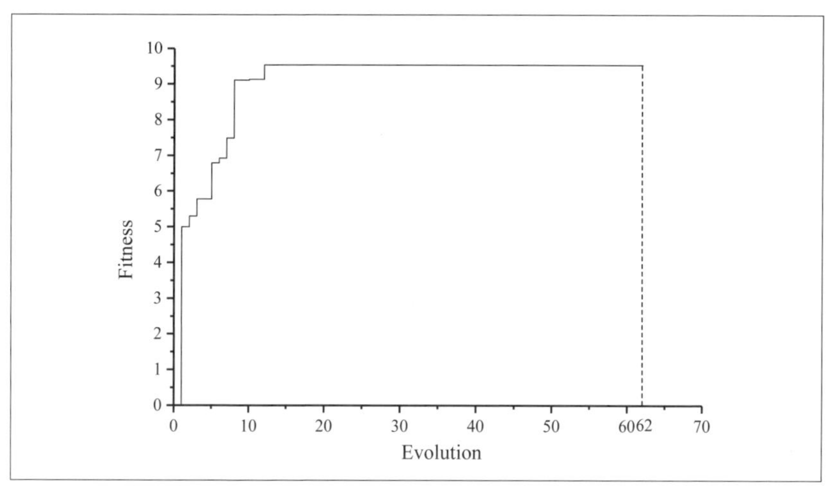

〔図 4-24〕世代プロセス

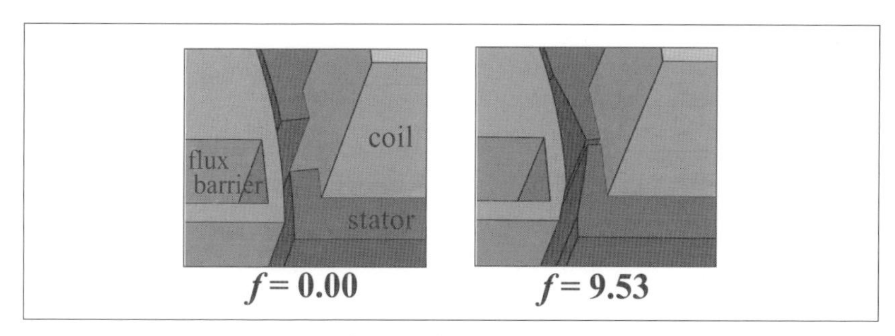

〔図 4-25〕最適形状

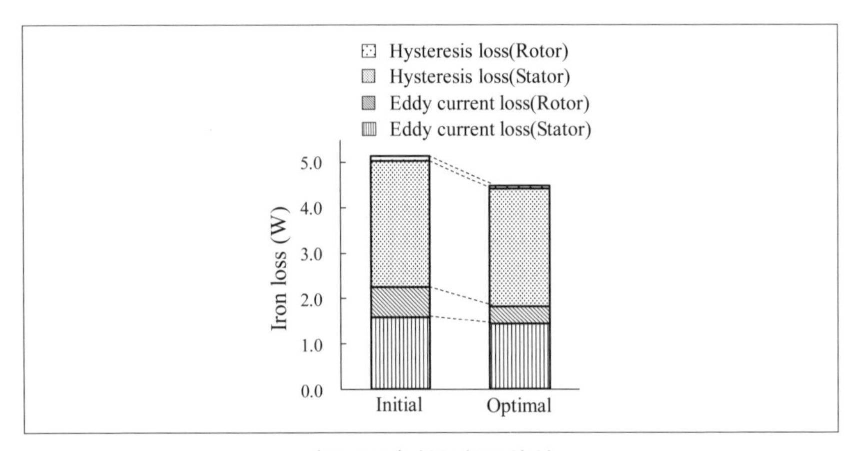

〔図 4-26〕鉄損値の比較

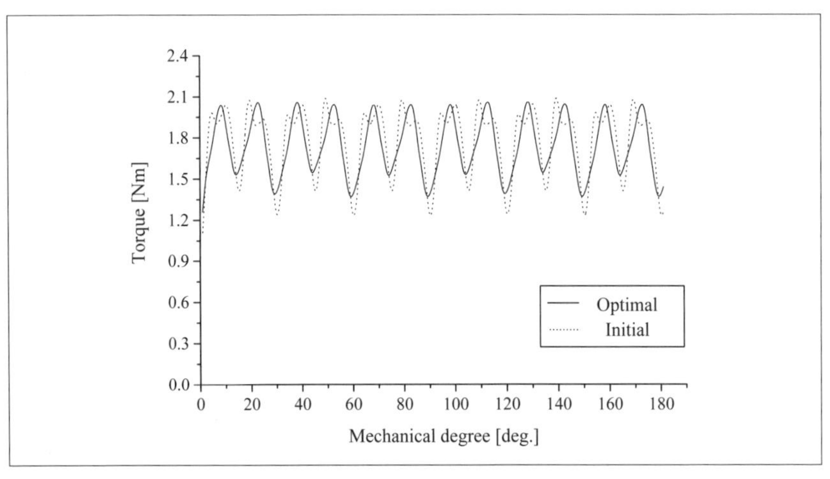

〔図 4-27〕定常トルク特性

４－４．埋込磁石構造同期電動機（IPMSM）の高トルク設計

４－４－１．フラックスバリア構造最適化

解析モデルを木構造へ変換し、遺伝的プログラミング（Genetic Programming：GP）を適用する手法を用いた最適化例を示す。ここではIPMSMの平均トルクとトルクリプルの多目的最適化を行う[13)]。フラックスバリアの最適形状を探索するため、回転子の磁石のみをそのままの

位置とし、フラックスバリアとボルト穴が存在しないモデルにより最適化を行う。固定設計領域は図 4-28 に示す領域とし、発生したフラックスバリアは対称軸を基準に複製する。二次元有限要素法を用いて定常トルク解析を行う。得られたトルク特性から、平均トルク、トルクリプルの 2 つの目的関数値を導出する。その後、パレートランキング法により各個体にランクを振り分ける。適応度を決定するために、ニッチングカウント nc_i と形状複雑度の比 C_i を導入する。ニッチングカウントは同ランクのシェアリング関数の合計値であり、同ランク間の混雑度を示している。形状複雑度は解析モデルのオブジェクトの形状がどのぐらい複雑であるかの度合いを示している。形状複雑度の比 C_i は (4-7) 式により計算される。

$$C_i = \frac{C_{opt}}{C_{ori}} \quad \cdots\cdots (4\text{-}7)$$

$$C_{opt}, C_{ori} = \frac{l^2}{S} \quad \cdots\cdots (4\text{-}8)$$

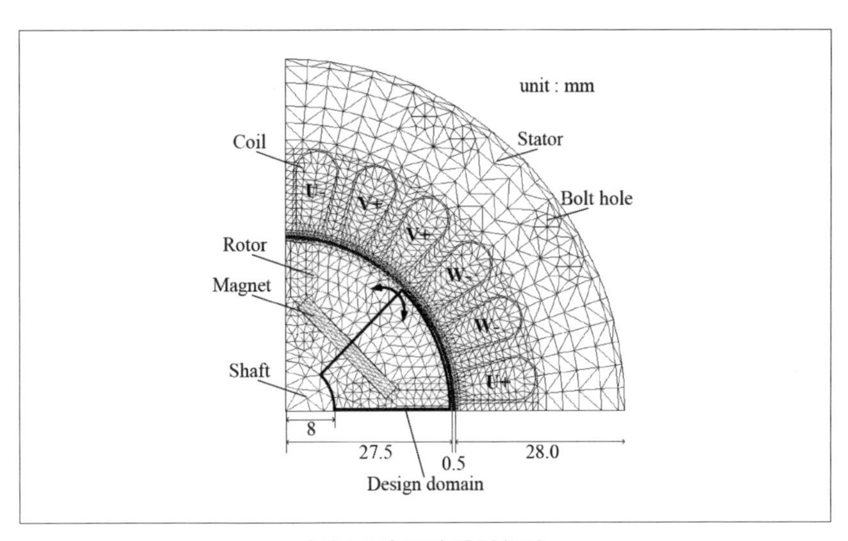

〔図 4-28〕固定設計領域

各個体における C_i は個体 X_i の形状複雑度 C_{opt} と基本モデルの形状複雑度 C_{ori} の比を示している。また、C_{opt}、C_{ori} はオブジェクトの周長 l と面積 S によって (4-8) 式にて計算される。形状複雑度は1つの値として与えたいため、複数のオブジェクトが存在する場合、最も形状複雑度が高いオブジェクトを適用する。これは解析モデル内に1つでも再現できないような複雑な形状ができないようにするためである。

各個体に対する適応度の割り当てにパレートランキング法によるランクを用いる。適応度 f_i にはランクの小さい個体順に個体数の値から順に1まで与え、同ランクの場合はそれらの平均値を与える。また、ニッチングカウント nc_i と形状複雑度の比 C_i により、(4-9) 式を用いて適応度 f'_i を求める。

$$f'_i = \frac{f_i}{nc_i \cdot C_i} \quad \cdots\cdots \quad (4\text{-}9)$$

したがって、(4-9) 式より、ランクの小さい個体、他の個体と近接していない個体、形状がシンプルな個体であるほど適応度 f'_i の値は大きくなる。

磁石を基本モデルの位置にそのまま固定し、フラックスバリアの最適設計を行うが、その際、磁石の端部からフラックスバリアを発生させるようにする。フラックスバリアは、磁石からの磁束を制限し、回転子と固定子間のギャップを通過させるものである。したがって、回転子内部で磁束がループすると磁石から得られる磁束を効果的に得ることができない。最適化という観念では、上記のような形状制約はなるべく設けないほうが望ましい。しかし、設計の観念から見ると、磁石とフラックスバリアの繋ぎ目が滑らかではないと製作し辛く、また形状最適化やトポロジー最適化において、完全に滑らかな形状･形態を得ることは難しい。また、上記のような制約を設けなくとも、フラックスバリアは磁石の端部の頂点に近い位置から発生しているのが確認できる。

GPのパラメータを表4-6に示し、交叉と突然変異のパラメータをそれぞれ表4-7、表4-8に示す。また、パラメータの設定範囲を表4-9に示す。表4-7では、オブジェクトと頂点の交叉率、頂点の交換・移動の確率を設定する。オブジェクトと頂点の交叉率は、2つの親個体のうち、それぞれの総オブジェクト数、総頂点数の小さいほうを対象とする。また、値の移動には相手へ送る側と相手から受け取る側があるが、この確率は0.50とする。表4-8では、計6パターンの確率を示している。ゆえに、対象としてオブジェクトか頂点を選択し、さらに追加、削除、位置

〔表4-6〕GPのパラメータ

集団数	1000
選択方法	Tournament
トーナメント選択数	2
交叉率	0.80
突然変異率	0.05
集団数	1000

〔表4-7〕交叉のパラメータ

オブジェクトの交叉確率	0.20
頂点の交叉確率	0.20
(方法) 交換	0.50
(方法) 移動	0.50

〔表4-8〕突然変異のパラメータ

(対象) オブジェクト	0.20
(方法) 追加	0.40
(方法) 削除	0.30
(方法) 移動	0.30
(対象) 頂点	0.80
(方法) 追加	0.40
(方法) 削除	0.30
(方法) 移動	0.30
(対象) 磁石の座標	0.05
(対象) 磁石の辺	0.15

〔表4-9〕パラメータの設定範囲

オブジェクト数	1 - 3
頂点数	3 - 10
探索範囲[mm]	8.0 – 27.0

の移動のいずれを確率によって選択できる。表4-9は初期集団生成におけるオブジェクトと頂点の値の範囲、固定設計領域における半径を示している。この半径は最大で27.0mmとしているが、構造上の問題より回転子外径から0.5mmの猶予を与えている。

図4-29と図4-30より、平均トルクとトルクリプル間にパレート最適

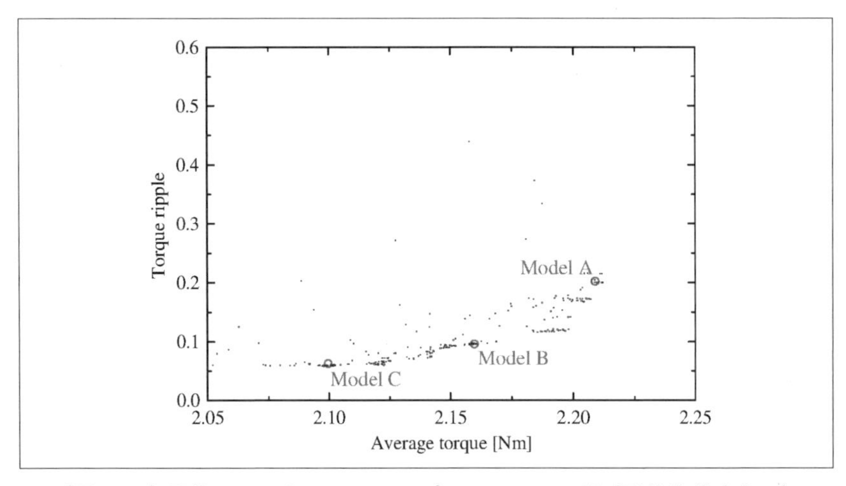

〔図4-29〕平均トルクとトルクリップルのパレート解（形状複雑度なし）

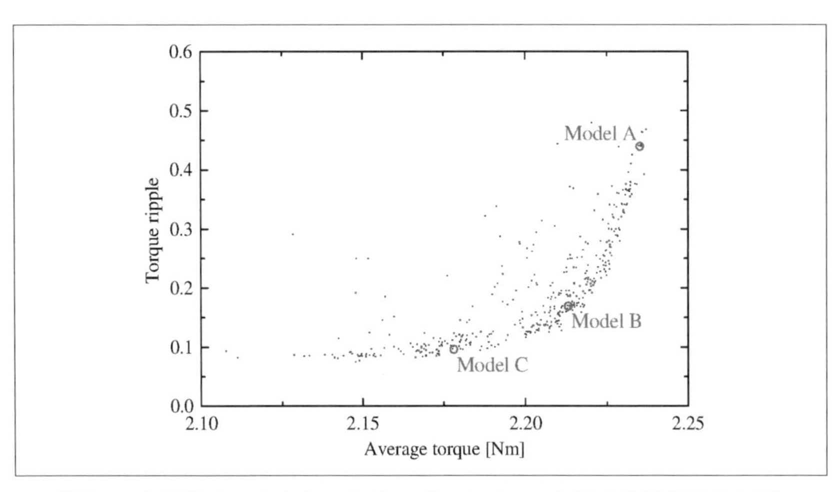

〔図4-30〕平均トルクとトルクリップルのパレート解（形状複雑度あり）

解の曲線が確認できる。したがって、これらの特性間にはトレードオフの関係が存在する。ここで最適形状やその特性を確認するため、図 4-29 や図 4-30 に示すように、平均トルクを優先したモデルを Model A、平均トルクとトルクリプルどちらも優先したモデルを Model B、トルクリプルを優先したモデルを Model C とする。これらのモデルは (4-9) 式のニッチングカウントを除いた適応度の大きいモデルから選択した。つまり、ランクが小さく、形状複雑度も小さいモデルを選択していることを指している。続いてランクが 1 における世代毎のパレート最適解の推移について形状複雑度を考慮していない場合を図 4-31、考慮した場合を図 4-32 に示す。図 4-31 と図 4-32 より、世代を重ねる毎に解の分布が「平均トルクが上昇、トルクリプルが減少」するように移動しているのが確認できる。また、これらの解の分布は基本モデルを大きく上回っており、平均トルクとトルクリプルにおける特性に関しては基本モデルより優れているといえる。図 4-29 ではトルクリプルがより減少するように、図 4-30 では平均トルクがより上昇するように解の分布が集中している。図 4-29 における Model A、Model B、Model C の最適形状を図 4-33 に示す。また、図 4-30 における Model A、Model B、Model C の最適形状を図 4-34

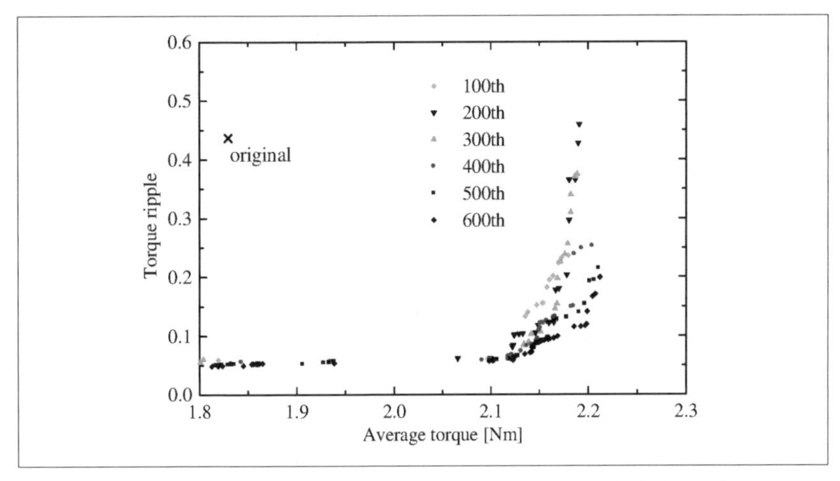

〔図 4-31〕世代毎のパレート最適解の推移（形状複雑度なし）

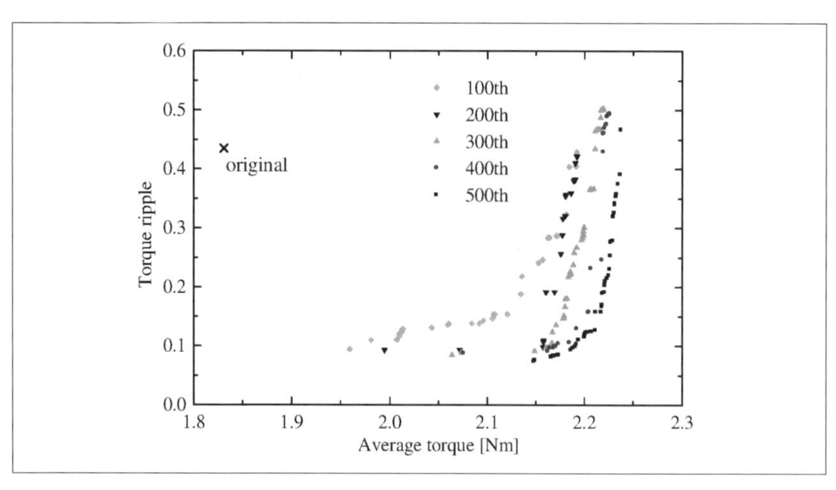

〔図 4-32〕世代毎のパレート最適解の推移（形状複雑度あり）

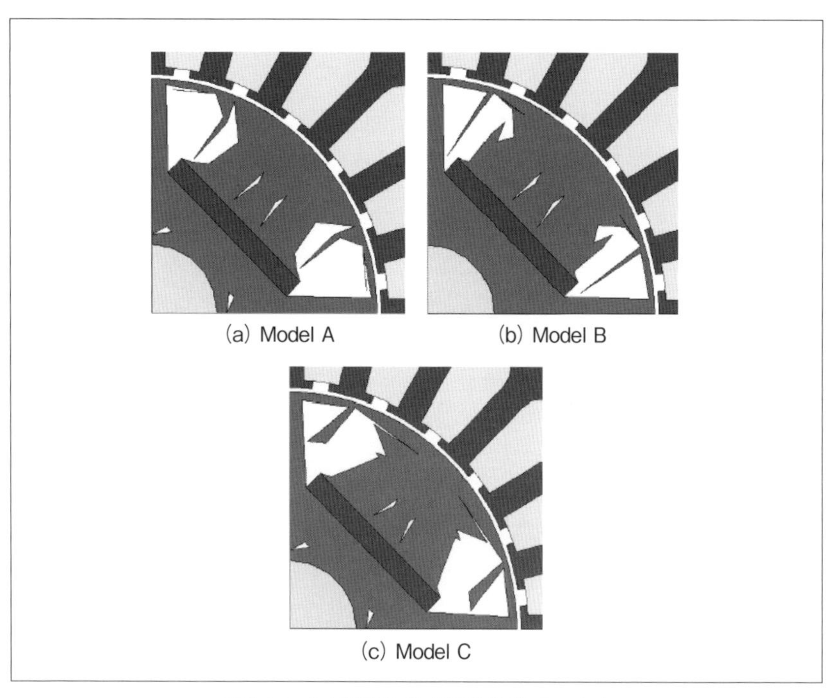

〔図 4-33〕最適形状（形状複雑度なし）

に示す。得られたフラックスバリアは図 4-34 において設定した固定設計領域に 1 つのみ存在している。これは最も形状複雑度の高いオブジェクトを適応度に採用しているのが原因だと考えられる。つまり、1 つの個体に複数のオブジェクトが存在すると採用される形状複雑度が大きくなる可能性が高く、世代を重ねることによってオブジェクトが 1 つに落ち着いてしまったといえる。また、図 4-34 のフラックスバリアは、形状複雑度を導入していない図 4-33 のフラックスバリアと比べると、比較的シンプルな形状が得られている。定常トルク特性最適形状である Model A、Model B、Model C の定常トルク特性に関して形状複雑度を導入していない場合を図 4-35 に、導入した場合を図 4-36 に示す。Model A から Model C の順に、平均トルクは上昇、トルクリプルは減少している。しかし、平均トルクに関しては Model A は Model C に比べて 2.6% 大き

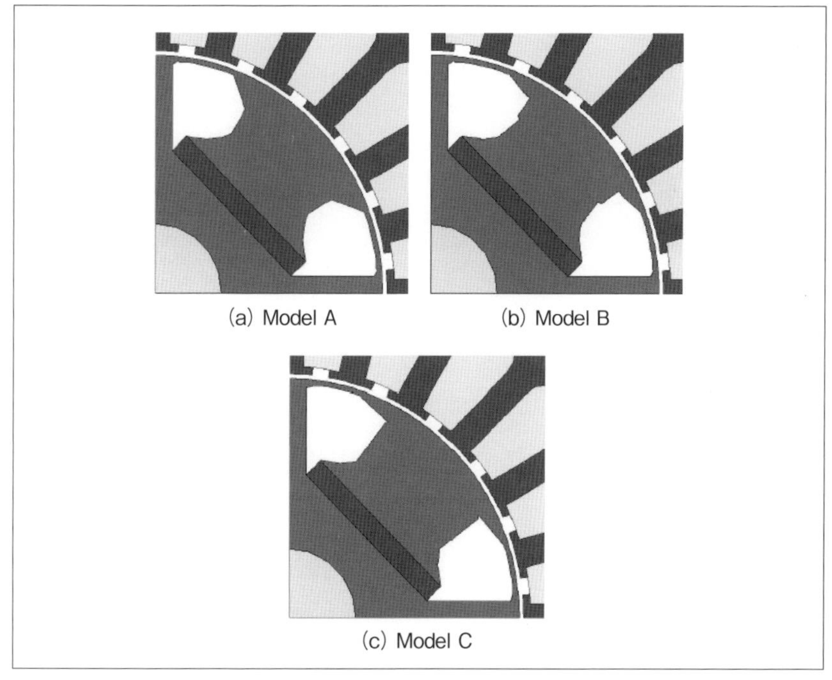
(a) Model A
(b) Model B
(c) Model C

〔図 4-34〕最適形状（形状複雑度あり）

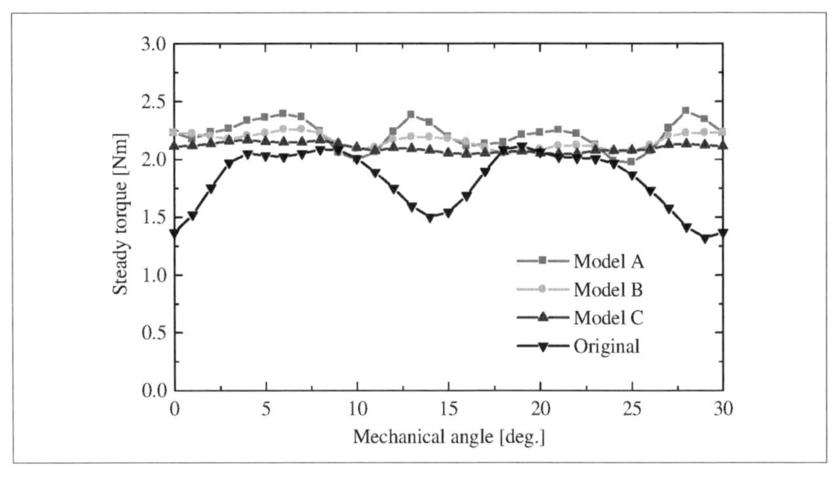

〔図 4-35〕定常トルク特性（形状複雑度なし）

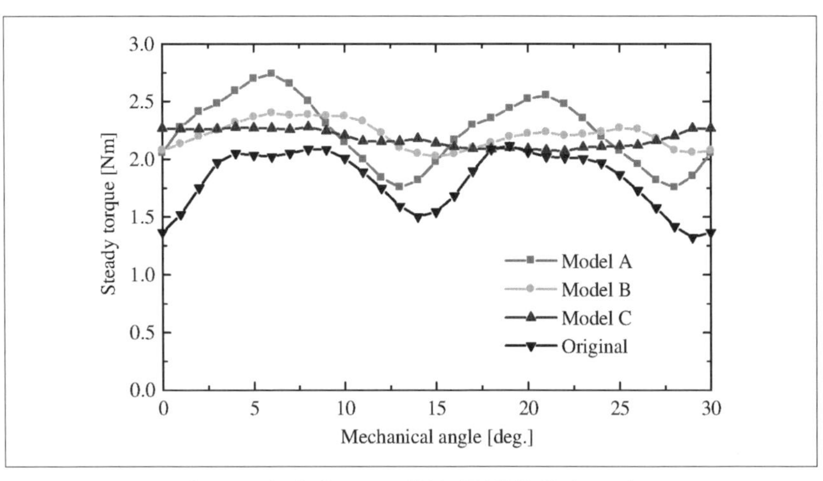

〔図 4-36〕定常トルク特性（形状複雑度あり）

いだけでそこまで大きな変化はなく、それに対して、トルクリプルは 4.5 倍以上の大きな数値となっており、その影響は小さくない。したがって、磁石を固定しフラックスバリアのみを最適化した場合、そのパレート最適解では平均トルクはそこまで変化しないが、トルクリプルに関しては大きな変化をもたらす。

参考文献

1) 北川亘，木村佳弘，竹下隆晴：「三次元有限要素法への遺伝的アルゴリズムの組み込みに関する検討」，電気学会論文誌 D，Vol. 132，No. 2，pp.227-232（2012）

2) H. Enomoto, Y. Ishihara, T. Todaka and K. Hirata: "Optimal Design of Linear Oscillatory Actuator Using Genetic Algorithm" , IEEE Trans. on Magnetics, Vol. 34, No. 5, pp.3515-3518 (1998)

3) 北川亘，石原好之，平田勝弘：「Fast Computation Technique of Genetic Algorithm Based on Finite Element Method」，電気学会論文誌 D，Vol. 127，No. 9，pp.1009-1012（2008）

4) Ki-Jin Han, Han-Sam Cho, Dong-Hyeok Cho, Hyun-Kyo Jung: "Optimal Core Shape Design for Cogging Torque Reduction of Brushless DC Motor Using Genetic Algorithm" , IEEE Trans on Magnetics, Vol. 36, No. 4, pp.1927-1931 (2000)

5) 田島文男，宮下邦夫，伊藤元哉，田村昭，今野猛夫：「有限要素法による電磁界計算に基づくコギングトルク解析」，電気学会論文誌 D，Vol. 107，No. 5，pp.635-641（1988）

6) 河瀬順洋，山口忠，矢野寿行，井形誠男，井田一男，片岡義博，山際昭雄：「スキューを考慮した埋込磁石構造回転機の三次元電磁力解析」，電気学会静止器・回転機合同研究会資料，SA-05-31/RM-05-31（2005）

7) W. Kitagawa and T. Takeshita: "Topology Optimization for Skew of SPMSM by Using Multi-Step Parallel GA" , 2014 International Power Electronics Conference, pp.3809-3814 (2014)

8) 石川康太，木村佳弘，北川亘，竹下隆晴：「2 次元ポリゴンモデルを用いた IPMSM のフラックスバリア形状設計の検討」，第 25 回「電磁力関連のダイナミクス」シンポジウム（SEAD25），17C2-4，pp.380-383（2013）

9) 細川佳寛，野口聡，山下英生，谷本茂也：「永久磁石モータの効率最適化設計に関する一手法 -GA・SA を用いた最適化設計手法 -」，電気

学会論文誌D，Vol. 121，No. 2，pp.171-177 (2001)
10) 河瀬順洋，山口忠，水野泰成：「かご形誘導電動機のけい素鋼板中の三次元渦電流解析」，電気学会論文誌D，Vol. 123，No. 4，pp.323-329 (2003)
11) 木村佳弘，内木彬人，北川亘，竹下隆晴：「三次元有限要素法と並列GAによるIPMモータの鉄損低減設計」，第24回「電磁力関連のダイナミクス」シンポジウム (SEAD富山)，18A3-2，pp.501-504 (2012)
12) 山崎克巳：「固定子及び回転子の高調波磁界を考慮した誘導電動機の損失算定」，電気学会論文誌D，Vol. 123，No. 4，pp.392-400 (2003)
13) 石川康太，北川亘，竹下隆晴：「遺伝的プログラミングを用いた多目的最適化による電磁機器の最適設計」，電気学会論文誌B，Vol. 136，No. 3，pp.228-235 (2016)

著者紹介

河瀬順洋（岐阜大学）

1981年岡山大学大学院電気工学専攻修士課程修了。岡山大学工学部助手、岐阜大学工学部助手、助教授を経て、1997年より岐阜大学教授、現在に至る。工学博士。主として有限要素法による電磁界の数値解析に関する研究に従事。IEEE Senior Member、電気学会上級会員、日本AEM学会会員。

山口 忠（岐阜大学）

1996年岐阜大学大学院工学研究科博士後期課程修了。博士（工学）。中部大学工学部助手、講師、岐阜大学工学部講師を経て現在、准教授。主として電磁界数値解析及びその応用に関する研究に従事。IEEE、電気学会、日本AEM学会会員。

北川 亘（名古屋工業大学）

2002年同志社大学大学院工学研究科修士課程修了。日本アイ・ビー・エム株式会社入社、レノボ・ジャパン株式会社を経て、2010年より名古屋工業大学大学院工学研究科助教、現在に至る。博士（工学）。主として電磁界数値解析及びパワーエレクトロニクスの研究に従事。IEEE、電気学会、日本AEM学会会員。

●ISBN 978-4-904774-43-4

信州大学　田代 晋久　監修

設計技術シリーズ

環境磁界発電原理と設計法

本体 4,400 円＋税

第 1 章　環境磁界発電とは

第 2 章　環境磁界の模擬

2．1　空間を対象
2．1．1　Category A
2．1．2　Category B
2．1．3　コイルシステムの設計
2．1．4　環境磁界発電への応用
2．2　平面を対象
2．2．1　はじめに
2．2．2　送信側コイルユニットのモデル検討
2．2．3　送信側直列共振回路
2．2．4　まとめ
2．3　点を対象
2．3．1　体内ロボットのワイヤレス給電
2．3．2　磁界発生装置の構成
2．3．3　磁界回収コイルの構成と伝送電力特性
2．3．4　おわり

第 3 章　環境磁界の回収

3．1　磁束収束技術
3．1．1　磁束収束コイル
3．1．2　磁束収束コア
3．2　交流抵抗増加の抑制技術
3．2．1　漏れ磁束回収コイルの構造と動作原理
3．2．2　漏れ磁束回収コイルのインピーダンス特性
3．2．3　電磁エネルギー回収回路の出力特性
3．3　複合材料技術
3．3．1　はじめに
3．3．2　Fe 系アモルファス微粒子分散複合媒質
3．3．2．1　Fe 系アモルファス微粒子
3．3．2．2　Fe 系アモルファス微粒子分散複合媒質の作製方法
3．3．2．3　Fe 系アモルファス微粒子分散複合媒質の複素比透磁率の周波数特性
3．3．2．4　Fe 系アモルファス微粒子分散複合媒質の複素比誘電率の周波数特性
3．3．2．5　215 MHz における Fe 系アモルファス微粒子分散複合媒質の諸特性
3．3．3　Fe 系アモルファス微粒子分散複合媒質装荷 VHF 帯ヘリカルアンテナの作製と特性評価
3．3．3．1　複合媒質装荷ヘリカルアンテナの構造
3．3．3．2　複合媒質装荷ヘリカルアンテナの反射係数特性
3．3．3．3　複合媒質装荷ヘリカルアンテナの絶対利得評価
3．3．4　まとめ

第 4 章　環境磁界の変換

4．1　CW 回路
4．1．1　CW 回路の構成
4．1．2　最適負荷条件
4．1．3　インダクタンスを含む電源に対する設計
4．1．4　蓄電回路を含む電力管理モジュールの設計
4．2　CMOS 整流昇圧回路
4．2．1　CMOS 集積回路の紹介
4．2．2　CMOS 整流昇圧回路の基本構成
4．2．3　チャージポンプ型整流回路
4．2．4　昇圧 DC-DC コンバータ（ブーストコンバータ）の基礎

第 5 章　環境磁界の利用

5．1　環境磁界のソニフィケーション
5．1．1　ソニフィケーションとは
5．1．2　環境磁界エネルギーのソニフィケーション
5．1．3　環境磁界のソニフィケーション
5．2　環境発電用エネルギー変換装置
5．2．1　環境発電用エネルギー変換装置のコンセプト
5．2．2　回転モジュールの設計
5．2．3　環境発電装置エネルギー変換装置の設計
5．3　磁歪発電
5．4　振動発電スイッチ
5．4．1　発電機の基本構造と動作原理
5．4．2　静特性解析
5．4．3　動特性解析
5．4．4　おわり
5．5　応用開発研究
5．5．1　環境磁界発電の特徴と応用開発研究
5．5．2　環境磁界発電の応用分野
5．5．3　応用開発研究の取り組み方
5．6　中小企業の産学官連携事業事例紹介（ワイヤレス電流センサによる電力モニターシステムの開発）

発行／科学情報出版（株）

●ISBN 978-4-904774-42-7

東京都市大学　西山 敏樹
㈱イクス　遠藤 研二　著
㈲エーエムクリエーション　松田 篤志

設計技術シリーズ

インホイールモータ原理と設計法

本体 4,600 円＋税

発行／科学情報出版（株）

●ISBN 978-4-904774-40-3

元上智大学　川上 春夫
防衛大学校　森下　久 著
千葉大学　髙橋 応明

設計技術シリーズ

IoTシステムの極小アンテナ設計技術

本体 3,800 円＋税

第1章　RFIDタグアンテナ
1.1　はじめに
1.2　RFIDの特徴
1.3　RFIDタグの規格
1.4　電磁誘導方式RFIDタグ用アンテナの設計
1.4.1　誘導電圧
1.4.2　等価回路
1.4.3　共振周波数
1.4.4　配線抵抗R
1.4.5　自己インダクタンスL
1.4.6　容量C
1.4.7　相互インダクタンスM
1.4.8　動作周波数
1.5　電波方式RFIDタグ用アンテナの設計
1.5.1　基本のアンテナ
1.5.2　ICとのインピーダンス整合
1.5.3　通信距離
1.6　RFIDタグの金属対応

第2章　カプセル内視鏡用アンテナ
2.1　医療用テレメータ
2.2　カプセル内視鏡
2.3　カプセル内視鏡への電力伝送

第3章　ウェアラブルアンテナ（その1）
3.1　はじめに
3.2　BANの周波数
3.3　ウェアラブルアンテナの課題
3.4　On-body通信用アンテナ
3.5　2.4GHz帯In-body通信用アンテナ

第4章　ウェアラブルアンテナ（その2）
4.1　はじめに
4.2　ヘルメットアンテナの要求される事項
4.3　折返しダイポールアンテナ
4.4　平面における折返しダイポールアンテナの特性
4.5　曲面における折返しダイポールアンテナの特性
4.6　頭部方向への放射抑制に関する検討
4.7　むすび

第5章　2～5GHz帯測定用広帯域アンテナ
5.1　開発の要求
5.2　アンテナの設計
5.2.1　アンテナ形状の検討
5.2.2　頂角αおよびスケーリング定数τについて
5.2.2.1　頂角α
5.2.2.2　スケーリング定数τ
5.2.3　エレメント構造の検討
5.2.4　平行線路幅の検討
5.2.5　対面ダミーラインの検討
5.2.6　レドームの検討
5.3　アンテナの特性
5.3.1　試作品の構造
5.3.2　試作品の特性
5.4　アンテナの構造
5.4.1　アンテナの外観図
5.4.2　アンテナの取り付け
5.5　むすび

第6章　マルチバンド平面アンテナを用いた多周波共用送受信装置
はじめに
6.1　偏波切換型マルチバンド平面アンテナの理論
6.1.1　はじめに
6.1.2　円偏波MR-MSA素子とその基本構成
6.1.3　最適摂動量の設定方法と各共振周波数における軸比特性
6.1.3.1　中央部方形素子に装荷する摂動量（ΔS3/S3）と各モードにおける軸比特性の関係
6.1.3.2　#2リング素子に装荷する摂動量（ΔS2/S2）と軸比特性
6.1.3.3　#1リング形素子に装荷する摂動量（ΔS1/S1）と各モードの軸比特性
6.1.4　円偏波MR-MSAの基本特性
6.1.4.1　リターンロス特性
6.1.4.2　放射パターンおよび利得特性
6.1.4.3　軸比特性
6.1.5　直線偏波と円偏波を共用するマルチバンドMR-MSA
6.1.5.1　直線偏波を含む円偏波MR-MSAの基本構成
6.1.5.2　放射特性
6.1.6　むすび
6.2　マルチバンドアンテナの試作
6.3　アンテナ素子の実験結果
6.4　現状の課題
6.5　分波器
6.6　一体化
6.7　成果
6.8　実用化に向けて解決すべき課題（技術的・経済的）
6.9　むすび

発行／科学情報出版（株）

●ISBN 978-4-904774-37-3

静電気学会 会長　水野 彰　監修

設計技術シリーズ

電気機器の静電気対策

本体 3,300 円＋税

発行／科学情報出版（株）

●ISBN 978-4-904774-39-7

産業技術総合研究所　蔵田 武志
大阪大学　清川 清　監修
産業技術総合研究所　大隈 隆史　編集

設計技術シリーズ

AR(拡張現実)技術の基礎・発展・実践

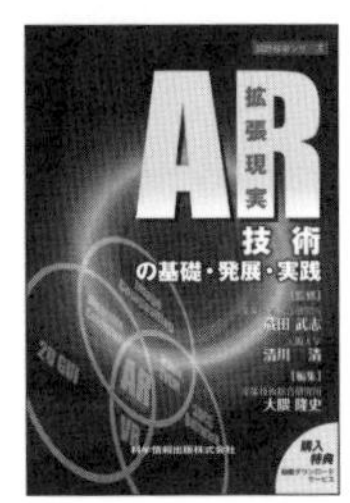

本体 6,600 円 + 税

序章
1．拡張現実とは
2．拡張現実の特徴
3．これまでの拡張現実
4．本書の構成

第1章　基礎編その1
1．マーカーベースの位置合わせ
1－1　AR マーカーとは
1－1－1 ARマーカーの概要／1－1－2 ARマーカーの特徴／1－1－3 ARマーカーの誕生と発展／1－1－4 マーカーを用いた AR システムの基本構成
1－2　矩形 AR マーカー
1－2－1 マーカー認識手法の概要
1－2－2 マーカー方式のメリット・デメリット
1－3　その他のタイプの AR マーカー
1－3－1 隠蔽に強く、広範囲で使用できるマーカー／1－3－2 美観を損ねないマーカー／1－3－3 姿勢精度を向上させるマーカー
1－4　ランダムドットマーカー
1－4－1 概要／1－4－2 マーカーの認識と追跡／1－4－3 特徴
1－5　マイクロレンズシートを用いたマーカー
1－5－1 姿勢推定に関する従来マーカーの問題／1－5－2 可変モアレパターンの活用／1－5－3 LentiMark と ArrayMark ／1－5－4 LentiMark と ArrayMark の姿勢推定法／1－5－5 LentiMark、ArrayMark による高精度な姿勢推定／1－5－6 LentiMark、ArrayMark の改良－問題②の改善／1－5－7 LentiMark、ArrayMark のまとめ
1－6　AR マーカーのまとめと展望
2．自然特徴ベースの位置合わせ
2－1　概要
2－2　特徴点を用いた認識
2－2－1 認識の流れ／2－2－2 特徴点検出／2－2－3 特徴量算出／2－2－4 特徴量マッチング／2－2－5 その他の特徴を用いた認識
2－3　特徴点を用いた追跡
2－3－1 2次元特徴点の追跡／2－3－2 3次元特徴点の追跡／2－3－3 その他の特徴を用いた追跡
2－4　AR を実現する処理の枠組み
2－4－1 認識処理のみを用いた AR ／2－4－2 認識と追跡処理を用いた AR ／2－4－3 SLAM を用いた AR ／2－4－4 認識処理のみを用いた AR のサンプルコード
2－5　評価用データセット
2－5－1 metaio データセット／2－5－2 TrakMark データセット
2－6　奥行き情報を用いた位置合わせ手法
2－6－1 奥行き情報を利用するメリット／2－6－2 奥行き情報を用いた位置合わせ処理

第2章　基礎編その2
1．ヘッドマウントディスプレイ
1－1　拡張現実感とヘッドマウントディスプレイ
1－2　ヘッドマウントディスプレイの分類
1－3　ヘッドマウントディスプレイのデザイン
1－3－1 アイリリーフ／1－3－2 リレー光学系／1－3－3 接眼光学系／1－3－4 ホログラフィック光学素子を用いた HMD ／1－3－5 網膜投影ディスプレイ／1－3－6 頭部搭載型プロジェクター／1－3－7 光線再生ディスプレイ
1－4　広視野映像の提示
1－5　時間遅れへの対処
1－6　奥行き手がかりの再現
1－6－1 調節(焦点距離)に対応する HMD ／1－6－2 遮蔽に対応する HMD
1－7　マルチモダリティ
1－8　センシング
1－9　今後の展望
2．空間型拡張現実感（Spatial Augmented Reality）
2－1　幾何学レジストレーション
2－2　光学補償
2－3　光輸送
2－4　符号化開口を用いた投影とボケ補償
2－5　マルチプロジェクターによる超解像
2－6　ハイダイナミックレンジ投影
3．インタラクション
3－1　AR 環境におけるインタラクションの基本設計
3－2　セットアップに応じたインタラクション技法
3－2－1 頭部設置型 AR 環境におけるインタラクション／3－2－2 ハンドヘルド型 AR 環境におけるインタラクション／3－2－3 空間設置型 AR 環境におけるインタラクション
3－3　まとめ

第3章　発展編その1
1．シーン形状のモデリング
1－1　能動的計測による密な点群取得
1－1－1 能動ステレオ法／1－1－2 光飛行時間測定法
1－2　受動的計測による点群取得
1－2－1 Structure-from-Motion の概要／1－2－2 Structure-from-Motion のバリエーション／1－2－3 Structure-from-Motion における高速化・安定化の工夫
1－3　点群データ処理および AR/MR への応用
1－3－1 位置合わせ処理／1－3－2 統合処理／1－3－3 シーン形状の AR/MR への応用
2．光学的整合性
2－1　光学的整合性とは
2－2　光学的整合性に含まれる構成要素
2－3　光源環境の推定技術
2－4　実物体の形状・反射特性推定に関する技術
2－5　AR/MR における実時間レンダリング技術
2－5－1 シャドウマップ／2－5－2 環境マップ／2－5－3 Image-Based Lightning (IBL) ／2－5－4 事前に計算された GI 結果の活用／2－5－5 写実性の向上が期待されるその他の描画法／2－5－6 リライティング（Relighting）／2－5－7 最新の動向
2－6　画質の整合性
3．ビューマネージメント、可視化
3－1　アノテーションのビューマネージメント
3－2　Diminished Reality
3－3　焦点の考慮、奥行きの知覚
3－4　まとめ
4．自由視点映像技術を用いた MR
4－1　自由視点映像技術の拡張現実への導入
4－2　静的な物体を対象とした自由視点映像技術を用いた MR
4－2－1 インタラクティブモデリング／4－2－2 Kinect Fusion
4－3　動きを伴う物体を対象とした自由視点映像技術を用いた MR
4－3－1 人物ビルボード法／4－3－2 自由視点サッカー中継／4－3－3 シースルービジョン／4－3－4 NaviView
4－4　まとめ

第4章　発展編その2
1．マルチモーダル・クロスモーダル AR
1－1　マルチモーダル AR
1－2　クロスモーダル AR
2．ロボットと連携する AR
2－1　ロボットとセンサー情報
2－2　ロボットとヒューマンインタフェース
2－2－1 ロボット操縦のための AR インタフェース／2－2－2 ロボットの外装を変更する AR ／2－2－3 内装を変更する AR インタフェース／2－2－4 ロボットの知覚情報・行動計画の可視化／2－2－5 AR 環境におけるロボットの機能拡張
2－3　ロボットと連携する AR 技術の可能性
3．屋内外シームレス測位
3－1　さまざまな測位手法
3－2　ハイブリッド測位
3－2－1 屋内外シームレス測位のための情報統合方法／3－2－2 センサー・データフュージョンの概要／3－2－3 SDF の応用事例紹介
3－3　歩行者デッドレコニング（PDR）
3－3－1 姿勢（方位）角の推定／3－3－2 進行方向の推定／3－3－3 歩行動作検出と歩幅の推定／3－3－4 高さ方向の移動検知／3－3－5 PDR ベンチマーク標準化に向けて
4．AR によるコミュニケーション支援
4－1　AR による協調作業支援
4－1－1 協調作業の分類／4－1－2 AR を用いた協調作業の分類／4－1－3 協調型 AR システムの設計指針
4－2　AR を用いた同一地点コミュニケーション支援
4－3　AR を用いた遠隔地間コミュニケーション支援
4－3－1 AR を用いた対称型遠隔地間コミュニケーションシステム／4－3－2 AR を用いた非対称型遠隔地間コミュニケーションシステム

第5章　実践編
1．はじめに
1－1　評価指標の策定
1－2　データセットの準備
1－3　TrakMark：カメラトラッキング手法ベンチマークの標準化活動
1－3－1 活動の概要／－3－2 データセットを用いた評価の例
1－4　おわりに
2．Casper Cartridge
2－1　Casper Cartridge Project の趣旨
2－2　Casper Cartridge の構成
2－3　Casper Cartridge の作成準備【ハードウェア】
2－4　Casper Cartridge の作成準備【ソフトウェア・データ】
2－5　Casper Cartridge の選択
2－6　Ubuntu Linux 用 USB メモリスティック作成手順
2－7　Casper Cartridge 作成手順
2－8　Casper Cartridge 利用時の注意
2－9　AR プログラム事例
2－10　AR 用ライブラリ（OpenCV、OpenNI、PCL）
2－11　カメラトラッキング性能指標の算出
3．メディカル AR
3－1　診療の現場
3－1－1 外来診療の特徴／3－1－2 必要とする情報支援／3－1－3 AR 情報の提示／3－1－4 事例紹介（歯科診療支援システム）／3－1－5 AR の外来診療への応用のためには
3－2　手術ナビゲーション
3－3　医療教育への適用
3－4　遠隔医療コミュニケーション支援
4．産業 AR
4－1　AR の産業分野への応用事例
4－2　産業 AR システムの性能指標

第6章　おわりに
1．これからの AR
2．AR のさきにあるもの

発行／科学情報出版（株）

●ISBN 978-4-904774-38-0

前富山県立大学　安達 正利　著

設計技術シリーズ

誘電体セラミックス原理と設計法

本体 3,200 円＋税

発行／科学情報出版（株）

●ISBN 978-4-904774-35-9

福岡大学　末次 正　著

設計技術シリーズ

RF電力増幅器の基礎と設計法

本体 3,300 円＋税

発行／科学情報出版（株）

●ISBN 978-4-904774-25-0

富山県立大学　石塚 勝　監修

設計技術シリーズ

実践／熱シミュレーションと設計法

本体 3,600 円＋税

第 1 章　熱設計と熱抵抗
1．熱設計の必要性／2．熱抵抗／3．空冷技術

第 2 章　熱設計と熱シミュレーション
1．熱シミュレーションの種類／2．関数電卓による温度予測／3．熱回路網法による温度予測／4．微分方程式の解法による温度予測／5．市販されている CFD ソフト

第 3 章　サブノートパソコンの熱伝導解析例
1．まえがき／2．モデル化の考え／3．モデル化の解法／4. 狭い領域の解析／5．筐体全体の解析／6．結果／7．まとめ

第 4 章　電球型蛍光ランプの熱シミュレーション
1．まえがき／2．熱回路網法／3．電球型蛍光ランプの熱設計／4.熱シミュレーションの応用／4.熱シミュレーションの応用／5．まとめ

第 5 章　X 線管の非定常解析
1．X 線管の熱解析（非定常解析例）／2．X 線管の構造／3．解析モデル／4．解法／5．数値計算結果／6．計算の流れ／7．熱入力時間、入力熱量と入力回数の関係／8．まとめ

第 6 章　相変化つきのパッケージの熱解析
1．まえがき／2．実験／3．熱回路網解析／4．まとめ

第 7 章　流体要素法による熱設計例
1．まえがき／2．流体要素法／3．ラップトップ型パソコンの熱設計への応用例／4．複写機の熱設計への応用例

第 8 章　薄型筐体内の熱流体に対する CFD ツールの評価
1．まえがき／2．実験／3．数値シミュレーション／4．結果と考察／5．結論

第 9 章　傾いた筐体内部温度の熱シミュレーション
1．はじめに／2．実験装置および実験方法／3．実験結果および考察

第 10 章　カード型基板の熱解析における、CFD 解析と熱回路網法による結果の比較
1．はじめに／2．実験装置および方法／3．解析条件／4．熱回路網法／5．実験結果および考察／6．あとがき

第 11 章　熱流体シミュレーションを用いた電子機器の熱解析のための電子部品のモデル化
～その 1：電子機器熱解析の現状と課題～
1．はじめに／2．電子機器熱解析の現状と課題／3．電子部品のモデル化の課題／4．まとめ

第 12 章　熱流体シミュレーションを用いた電子機器の熱解析のための電子部品のモデル化
～その 2：チョークコイルのモデル化～
1．はじめに／2．チョークコイルの表面温度分布／3．シミュレーションモデル／4.シミュレーション結果／5．まとめ

第 13 章　熱流体シミュレーションを用いた電子機器の熱解析のための電子部品のモデル化
～その 3：アルミ電解コンデンサのモデル化～
1．はじめに／2．アルミ電解コンデンサの構造／3．シミュレーション結果の比較用実測データ／4．シミュレーションモデル／5．シミュレーション結果と実測データ比較／6．まとめ

第 14 章　熱流体シミュレーションを用いた電子機器の熱解析のための電子部品のモデル化
～その 4：多孔板のモデル化～
1．はじめに／2．多孔板流体抵抗に関する既存データについて／3．多孔板流体抵抗係数の実測方法／4．多孔板実験サンプル／5．多孔板流体抵抗測定結果／6．まとめ

第 15 章　熱流体シミュレーションを用いた電子機器の熱解析のための電子部品のモデル化
～その 5：軸流ファンのモデル化～
1．はじめに／2．多孔板流体抵抗に関する既存データについて／3．多孔板流体抵抗係数の実測方法／4．多孔板実験サンプル／5．多孔板流体抵抗測定結果／6．まとめ

第 16 章　サーマルビアの放熱性能 1
1．はじめに／2．実験装置／3．実験結果／4．まとめ

第 17 章　サーマルビアの放熱性能 2
1．はじめに／2．実験による熱抵抗低減効果の検証／3．熱回路網法の基礎／4．熱回路モデル／5．結果および考察／6．等価熱抵抗を用いた熱回路網法の検証／7．まとめ

第 18 章　TSV の熱抵抗低減効果
1．はじめに／2．対象とする 3D-IC ／3．熱回路網モデル／4．結果／5．まとめ

第 19 章　PCM を用いた冷却モジュール 1
1．はじめに／2．実験装置／3．実験条件／4．実験結果／5．まとめ

第 20 章　PCM を用いた冷却モジュール 2
1．はじめに／2．実験の概要／3．熱回路網法／4．PCM 融解のモデル化／5．結果／6．まとめ

第 21 章　PCM を用いた冷却モジュール 3
1．はじめに／2．実験および熱回路網法の概要／3．CFD 解析／4．解析モデル／5．結果／6．まとめ

発行／科学情報出版（株）

●ISBN 978-4-904774-36-6

大分大学　榎園 正人　著

設計技術シリーズ

IE4モータ開発への要素技術

ベクトル磁気特性技術と設計法

モータの低損失・高効率化設計法

本体 3,400 円＋税

発行／科学情報出版（株）

●ISBN 978-4-904774-18-2

京都大学　三谷 友彦　著

設計技術シリーズ

はじめて学ぶ電磁波工学と実践設計法

マイクロ波加熱応用の基礎・設計

本体 3,600 円＋税

発行／科学情報出版（株）

●ISBN 978-4-904774-28-1

京都大学　篠原 真毅　監修

設計技術シリーズ

電界磁界結合型ワイヤレス給電技術
―電磁誘導・共鳴送電の理論と応用―

本体 3,600 円＋税

発行／科学情報出版（株）

●ISBN 978-4-904774-31-1 月刊EMC編集部 監修

設計技術シリーズ

電磁ノイズ発生メカニズムと克服法

電子機器の誤動作対策設計事例集と解説

本体3,600円＋税

【電磁ノイズ発生メカニズム】

第1章 電子機器の発生するノイズとその発生メカニズム
1 はじめに
2 電子機器の発生するノイズ
3 電子回路から発生するノイズの特性
4 まとめ

第2章 ノイズ対策のための計測技術
1 はじめに
2 EMC規格適合を評価するための規格で定められた計測手法（EMC試験）
3 製品のEMC性能向上に貢献する計測手法
4 まとめ
付録1 CISPR（国際無線障害特別委員会）／付録2 放射エミッション測定用のアンテナ／付録3 水平偏波、垂直偏波とグラウンドプレーン表面での反射の影響／付録4 デシベル

第3章 ノイズ対策のためのシミュレーション技術
1 はじめに
2 回路シミュレータとその応用
3 電磁界シミュレータ
4 EMC設計におけるシミュレーションの役割
5 むすび

第4章 電子機器におけるノイズ対策手法
1 はじめに
2 基板を流れる電流
3 ディファレンシャルモード電流に起因するノイズ抑制対策Ⅰ―信号配線系―
4 ディファレンシャルモード電流に起因するノイズ抑制対策Ⅱ―電源供給系―
5 コモンモード電流に起因するノイズ抑制対策
6 むすび

【電磁ノイズを克服する法】

第5章 静電気
帯電人体からの静電気放電とその本質
1 はじめに
2 IEC静電気耐性試験法と帯電人体ESD
3 放電特性の測定法
4 放電電流と放電特性
5 おわりに

第6章 電波暗室とアンテナ
EMI測定における試験場所とアンテナ
1 オープン・テスト・サイトと電波暗室
2 放射妨害電界強度測定とアンテナ係数
3 広帯域アンテナによる電界強度測定
4 サイト減衰量
5 アンテナ校正試験用サイト
6 放射妨害波測定における試験テーブルの影響
7 1GHz以上の周波数帯域での測定
8 磁界強度測定とループ・アンテナ
9 ARP 958による1m距離でのアンテナ係数

第7章 シールド
電磁波から守るシールドの基礎
1 はじめに
2 シールドの基礎
3 平面波シールド
4 電界および磁界シールド理論
5 電磁界シミュレータの応用例
付録1 シールド効果の表現／付録2 シェルクノフの式の導出（その1）／付録3 シェルクノフの式の導出（その2）／付録4 TE波とTM波の考え方／付録5 異方性材料のシールド効果の計算／付録6 三層シールドの場合／付録7 電界シールドにおける波動インピーダンス

第8章 イミュニティ向上
機器のイミュニティ試験の概要
1 高周波イミュニティ試験規格について
2 静電気放電イミュニティ試験
3 放射無線周波（RF）電磁界イミュニティ試験
4 電気的高速過渡現象／バースト(EFT/B)イミュニティ試験
5 サージイミュニティ試験
6 無線周波数電磁界で誘導された伝導妨害に対するイミュニティ試験

第9章 電波吸収体
電磁波から守る電波吸収体の基礎
1 はじめに
2 電波吸収材料
3 電波と伝送線路
4 具体的な設計法
5 おわりに

第10章 フィルタ
フィルタの動作原理と使用方法
1 はじめに
2 EMI除去フィルタの構成
3 EMI除去フィルタ
4 フィルタを上手に使おう
5 フィルタを上手に選ぼう
6 まとめ

第11章 伝導ノイズ
電源高調波と電圧サージ
1 はじめに
2 電源高調波
3 電圧サージ
4 あとがき

第12章 パワエレ
パワーエレクトロニクスにおけるEMCの勘どころ
1 はじめに
2 ノイズ・EMCに関して
3 ノイズの種類
4 インバータのノイズ
5 「発生源」でのノイズ低減
6 「影響を受ける回路」のノイズ耐量向上
7 「伝達経路」でのノイズ低減
8 ノイズ耐量の向上
9 おわりに

発行／科学情報出版（株）

●ISBN 978-4-904774-21-2

三菱電機㈱ 高来 一彦 監修

設計技術シリーズ

プログラマブルコントローラ 原理と設計法

本体 3,200 円＋税

発行／科学情報出版（株）

●ISBN 978-4-904774-16-8

㈱東芝 前川 佐理 著
㈱東芝 長谷川幸久 監修

設計技術シリーズ

家電用モータのベクトル制御と高効率運転法

本体 3,400 円＋税

発行／科学情報出版（株）

●ISBN 978-4-904774-19-9

拓殖大学　澁谷 昇　監修

設計技術シリーズ

計測・制御及び試験室用

電気装置のEMC要求事項解説

本体 2,800 円＋税

第1章　はじめに：IEC 61326 シリーズの変遷

第2章　IEC 61326-1

第1部：一般要求事項

1．はじめに
1－1 IEC 61326 規格の概要／1－2 規格制定の変遷／1－3 規格内容の変遷
2．IEC 61326-1 (65A/628/FDIS) 規格の概要
2－1 適用範囲／2－2 参照規格／2－3 用語の定義／2－4 一般／2－5 EMC 試験計画／2－6 イミュニティ要求事項／2－7 エミッション要求事項／2－8 試験結果及び試験結果報告／2－9 取扱説明／2－10 附属書A
3．IEC 61326-1 規格変更の主な内容
3－1 対象装置分類の変更／3－2 用語の定義の変更／3－3 Functional earth port の削除
4．65A/628/FDIS でのイミュニティ試験要求事項の変更内容
4－1 イミュニティ試験要求事項の変更点／4－2 イミュニティ試験要求表での変更点
5．おわりに

第3章　IEC 61326-2-1

第2-1部：個別要求—EMC 防護が施されていない感受性の高い試験及び測定装置の試験配置、動作条件及び性能評価基準

1．はじめに
2．今回の改訂の経緯
3．IEC61326-2-1 (65A/641/FDIS) 規格の概要
3－1 適用範囲／3－2 EMC 試験計画／3－3 EUT の試験構成／3－4 EUT の動作条件／3－5 イミュニティ要求／3－6 エミッション要求
4．IEC61326-2-1 規格変更の主な内容
4－1 適用範囲の変更点／4－2 試験及び測定用 I/O ポートの変更点／4－3 試験計画一般、構成、条件、性能評価基準の仕様 他の変更点／4－4 追加指示
5．おわりに

第4章　IEC 61326-2-2

第2-2部：個別要求事項—低電圧配電システムで使用する可搬形試験、測定及びモニタ装置の試験配置、動作条件及び性能評価基準

1．はじめに
2．改訂の経緯
3．適用範囲（箇条1）
4．引用規格（箇条2）
5．EMC 試験計画（箇条5）
5－1 試験及び計測用の I/O ポート (5.2.4.101)／5－2 動作条件 (5.3.101)
6．イミュニティ要求事項（箇条6）
6－1 イミュニティ試験要求事項 (6.2)／6－2 性能評価基準 (6.4)
7．おわりに

第5章　IEC 61326-2-3

第2-3部：個別要求事項—体形又は分離形のシグナルコンディショナ付きトランスデューサの試験配置、動作条件、性能評価基準

1．はじめに
2．Ed.1 と Ed.2 FDIS の相違点
3．性能評価基準の変更
4．Ed.2 の概要
4－1 適用範囲／4－2 引用規格／4－3 定義
4－4 一般／4－5 EMC 試験計画／4－6 イミュニティ要求／4－7 エミッション要求／4－8 試験結果及び試験報告書／4－9 使用方法
5．おわりに

第6章　IEC 61326-2-4

第2-4部：IEC 61557-8 に従う絶縁監視機器及び IEC 61557-9 に従う絶縁故障場所検出用装置の試験配置、動作条件及び性能評価基準

1．はじめに
2．IT 系統
3．規格の概要
3－1 適用範囲／3－2 引用規格／3－3 用語及び定義／3－4 試験中の EUT の構成／3－5 試験中の EUT の動作条件／3－6 試験中の条件／3－7 イミュニティ試験要求事項／3－8 性能評価基準／3－9 エミッション限度値
4．IEC 61326-2-4:2012 の変更内容
4－1 用語及び定義の変更／4－2 EUT の構成の変更／4－3 EUT の動作条件の変更／4－4 イミュニティの試験中の条件の変更／4－5 イミュニティ試験の表の変更／4－6 性能評価基準の変更／4－7 エミッション限度値の変更
5．おわりに

第7章　IEC 61326-2-5

第2-5部：個別要求事項—IEC 61784-1 に従ったフィールドバス機器の試験及び測定装置の試験配置、動作条件及び性能評価基準

1．はじめに
2．IEC 61784 とフィールドバス
3．IEC 61326-2-5 (65A/643/FDIS) 規格の概要
4．附属書 AA IEC 61784-1 CP1/1 での個別要求事項
4－1 一般事項／4－2 EMC 試験計画－試験構成／4－3 EMC 試験計画－動作条件／4－4 性能評価基準／4－5 ホストシステムの情報
5．附属書 BB IEC 61784-1 CP3/2 での個別要求事項
5－1 一般事項／5－2 EMC 試験計画－試験構成／5－3 EMC 試験計画－動作条件／5－4 性能評価基準

第8章　IEC 61326-2-6

第2-6部：個別要求事項ー体外診断用医療機器

1．はじめに
2．規格の概要
2－1 適用範囲／2－2 引用規格／2－3 用語および定義／2－4 一般事項／2－5 EMC 試験計画／2－6 イミュニティ要求／2－7 エミッション要求／2－8 試験結果と試験報告書／2－9 取扱説明書
3．医療機器規制との関連
3－1 厚生労働省通知の概説
4．関連規格との対比
4－1 IEC 61326-1 と IEC 61326-2-6 の対比／4－2 IEC 61326-2-6 と JIS C 1806-2-6 との相違点／4－3 IEC 61326-2-6 Ed.1 と Ed.2 の相違点
5．体外診断用医療機器のリスクアセスメント
6．おわりに

第9章　IEC 61326-3-1

第3-1部：機能安全遂行装置の EMC 関連規格の概要と改訂への動き

1．はじめに
2．IEC 61326-3-1 の解説
2－1 適用範囲／2－2 EMC 試験計画／2－3 性能評価基準
2－4 イミュニティ要求／2－5 安全関連機能がある供試装置に対する試験配置と試験理念／2－6 試験結果と試験報告書／2－7 附属書A「電磁現象の評価」及び附属書B「イミュニテ試験中に許容される影響」
3．関連規格
3－1 規格の体系／3－2 機能安全基本規格 IEC 61508 シリーズ／3－3 機能安全遂行装置に対する EMC 基本規格 IEC 61000-6-7
4．おわりに

第10章　IEC 61326-3-2

第3-2部：安全関連システム及び安全関連機能遂行装置に対するイミュニティ要求事項—特定の電磁環境にある一般工業用途

1．はじめに
2．規格の変遷
3．IEC 61326-3-2 の概要
3－1 適用範囲／3－2 引用規格／3－3 用語及び定義／3－4 EMC 試験計画／3－5 性能評価基準／3－6 イミュニティ要求事項／3－7 安全用途を意図する機能がある EUT に対する試験セットアップ及び試験の考え方／3－8 監視／3－9 試験結果及び試験報告書／3－10 附属書
4．おわりに

発行／科学情報出版（株）

●ISBN 978-4-904774-20-5

三菱マテリアル㈱ 田中 芳幸 著

設計技術シリーズ

サージ対策入門と設計法

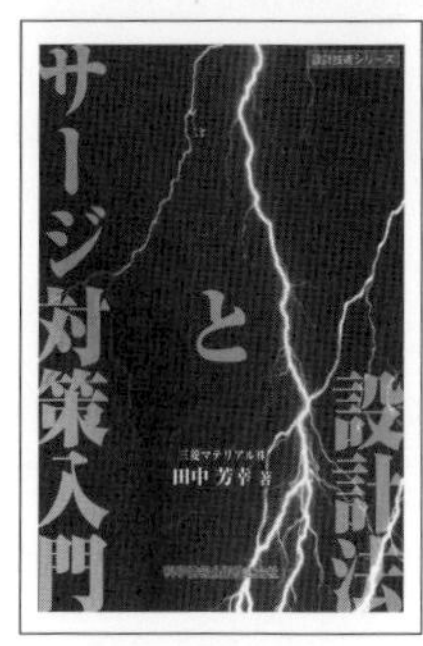

本体 2,400 円＋税

第 1 章 「なぜサージ対策が必要？」「どんな対策部品があるの？」

1．なぜサージ対策が必要か？
2．サージとは何か？
　2－1　誘導雷サージ
　2－2　静電気サージ
3．どのように機器を守るか？

第 2 章 サージ対策部品の種類と特徴

1．サージ対策部品の種類と構造、動作原理
　1－1　放電管型
　　1－1－1　マイクロギャップ方式の放電管
　　1－1－2　アレスタ方式
　1－2　セラミックバリスタ
　1－3　半導体型
　　1－3－1　TSS（Thyristor Surge Suppressor）
　　1－3－2　ABD（Avalanche Breakdown Diode）
　1－4　ポリマー ESD 素子

第 3 章 サージ対策部品の特徴を活かした使い分け

1．サージ対策部品の使い分け
　1－1　インバータ電源回路の保護
　1－2　通信線に接続された製品の保護
　1－3　静電気サージ対策事例：車載アンテナアンプの保護

第 4 章 電源回路のサージ対策 1

1．AC 電源のサージ対策
　1－1　絶縁協調
　1－2　対策部品の配置、サージ退路への配慮
　1－3　ヒューズの配置について
2．サージ対策事例：コモンモードフィルタ使用時の対策
　2－1　共振現象と対策
　2－2　コモンモードフィルタが 2 段の時
　2－3　コモンモードフィルタの他に
　　　　コイルとコンデンサのペアが含まれている場合
　2－4　コモンモードフィルタ対策時の注意点

第 5 章 電源回路のサージ対策 2 情報機器電源のサージ対策（IEC 60950-1）

1．国際規格 IEC 60950-1 ：変遷と解釈
2．2006 年の第 2 版改訂の内容と解釈
3．2013 年 IEC 60950-1 Am.2 Ed.2（最終決定）
4．関連トピック：TV セットのアンテナカップリング
補足 1.　絶縁の種類について
補足 2.　機器のクラス分けについて
補足 3.　タイプ B のプラグについて

第 6 章 通信線へのサージ対策

1．通信装置のサージ対策
2．通信線用のサージ防護装置
3．新たな通信手段とサージ対策

第 7 章 無線通信機のサージ対策

1．データ通信の無線化に関して
2．アンテナ部分の静電気サージ対策
　2－1　静電気サージ試験
　2－2　信号に対する安定性について

第 8 章 アンテナ部分の静電気対策

1．静電気対策方法
2．静電気対策の実例
　2－1　各対策部品のサージ吸収特性
　2－2　試験基板での評価結果
3．まとめ

第 9 章 放電管とバリスタの直列接続について

1．放電管とバリスタを直列接続した時の直流放電開始電圧について
　（Q1）
2．放電管とバリスタの直列接続時のインパルス放電開始電圧について
　（Q2）
3．バリスタ＋放電管と放電管＋バリスタという接続について
　（Q3）

第 10 章 SPD 分離器用ヒューズについて

1．雷サージ対策について
2．低電サージ防護デバイスの規格について
3．SPD 分離器に関して
4．SPD 分離器の規格について

第 11 章 サージ対策試験について（立会試験）

1．実機での試験の意味
2．電子機器のサージ対策に関する実例
　2－1　事例 1
　　　より良い保護方法の提案：残留電圧の低減
　2－2　事例 2
　　　見落とされていた部品の影響の確認：共振現象への対策
　2－3　事例 3
　　　予想外のサージ侵入経路が存在：
　　　同じ建屋でも機器間の接続部のサージ対策は必要
　2－4　事例 4
　　　予想しなかった経路：図面だけでは見えないところもある
3．立会試験は有効

発行／科学情報出版（株）

●ISBN 978-4-904774-14-4

島根大学　山本 真義
島根県産業技術センター　川島 崇宏
著

設計技術シリーズ

パワーエレクトロニクス回路における小型・高効率設計法

本体 3,200 円＋税

第1章　パワーエレクトロニクス回路技術
1. はじめに
2. パワーエレクトロニクス技術の要素
  2－1　昇圧チョッパの基本動作
  2－2　PWM 信号の発生方法
  2－3　三角波発生回路
  2－4　昇圧チョッパの要素技術
3. 本書の基本構成
4. おわりに

第2章　磁気回路と磁気回路モデルを用いたインダクタ設計法
1. はじめに
2. 磁気回路
3. 昇圧チョッパにおける磁気回路を用いたインダクタ設計法
4. おわりに

第3章　昇圧チョッパにおけるインダクタ小型化手法
1. はじめに
2. チョッパと多相化技術
3. インダクタサイズの決定因子
4. 特性解析と相対比較（マルチフェーズ v.s. トランスリンク）
  4－1　直流成分磁束解析
  4－2　交流成分磁束解析
  4－3　電流リプル解析
  4－4　磁束最大値比較
5. 設計と実機動作確認
  5－1　結合インダクタ設計
  5－2　動作確認
6. まとめ

第4章　トランスリンク方式の高性能化に向けた磁気構造設計法
1. はじめに
2. 従来の結合インダクタ構造の問題点
3. 結合度が上昇しない原因調査
  3－1　電磁界シミュレータによる調査
  3－2　フリンジング磁束と結合度飽和の理論的解析
  3－3　高い結合度を実現可能な磁気構造（提案方式）
4. 電磁気における特性解析
  4－1　提案磁気構造の磁気回路モデル
  4－2　直流磁束解析
  4－3　交流磁束解析
  4－4　インダクタリプル電流の解析
5. E-I-E コア構造における各脚部断面積と磁束の関係
6. 提案コア構造における設計法
7. 実機動作確認
8. まとめ

第5章　小型化を実現可能な多相化コンバータの制御系設計法
1. はじめに
2. 制御系設計の必要性
3. マルチフェーズ方式トランスリンク昇圧チョッパの制御系設計
4. トランスリンク昇圧チョッパにおけるパワー回路部のモデリング
  4－1　Mode の定義
  4－2　Mode 1 の状態方程式
  4－3　Mode 2 の状態方程式
  4－4　Mode 3 の状態方程式
  4－5　状態平均化法の適用
  4－6　周波数特性の整合性の確認
5. 制御対象の周波数特性導出と設計
6. 実機動作確認
  6－1　定常動作確認
  6－2　負荷変動応答確認
7. まとめ

第6章　多相化コンバータに対するディジタル設計手法
1. はじめに
2. トランスリンク方式におけるディジタル制御系設計
3. 双一次変換法によるディジタル再設計法
4. 実機動作確認
5. まとめ

第7章　パワーエレクトロニクス回路におけるダイオードのリカバリ現象に対する対策
1. はじめに
2. P-N 接合ダイオードのリカバリ現象
  2－1　P-N 接合ダイオードの動作原理とリカバリ現象
  2－2　リカバリ現象によって生じる逆方向電流の抑制手法
3. リカバリレス昇圧チョッパ
  3－1　回路構成と動作原理
  3－2　設計手法
  3－3　動作原理

第8章　リカバリレス方式におけるサージ電圧とその対策
1. はじめに
2. サージ電圧の発生原理と対策技術
3. 放電型 RCD スナバ回路
4. クランプ型スナバ

第9章　昇圧チョッパにおけるソフトスイッチング技術の導入
1. はじめに
2. 部分共振形ソフトスイッチング方式
  2－1　パッシブ補助共振ロスレススナバアシスト方式
  2－2　アクティブ放電ロスレススナバアシスト方式
3. 共振形ソフトスイッチング方式
  3－1　共振スイッチ方式
  3－2　ソフトスイッチング方式の比較
4. ハイブリッドソフトスイッチング方式
  4－1　回路構成と動作
  4－2　実験評価
5. まとめ

発行／科学情報出版（株）

●ISBN 978-4-904774-26-7

埼玉大学　田中 基八郎
愛知工業大学　堀 康郎　監修

設計技術シリーズ

電磁振動と騒音設計法

電気電子機器の騒音対策と設計法を解説

本体 2,800 円＋税

発行／科学情報出版（株）

●ISBN 978-4-904774-30-4

坂本 幸夫 監修

設計技術シリーズ

安全・安心な製品設計マニュアル

電磁障害／EMI対策設計法

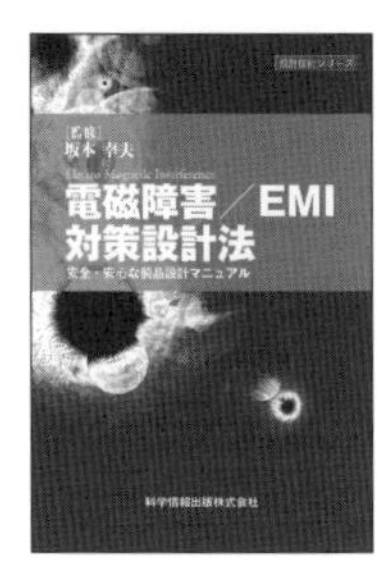

本体 2,800 円＋税

第1編 総論
1. 電磁障害 (EMI) 発生の要素と防止技術とその対策部品
2. ノイズ対策部品で行う EMI 対策の諸手法
 2.1 伝導路で行う対策
 2.2 発生源でノイズの発生をおさえる対策

第2編 対策部品の効果の表し方
1. ノイズの対策効果
2. ノイズの対策効果の表し方 あれこれ
3. 挿入損失
4. 挿入損失と減衰量
5. デシベルと電圧比（挿入損失の物理的意味）
6. インダクタのインピーダンスと挿入損失
7. コンデンサのインピーダンスと挿入損失
8. ノイズ対策部品の効果測定値を活用する時の注意点
 8.1 部品の持つ特性を引き出すための配慮への対応
 8.2 標準化への対応

第3編 ノイズ対策の手法と対策部品 (1) ローパス型 EMI フィルタによるノイズ対策
1. ノイズ対策に使われるフィルタ
2. 有用な周波数成分と無用な周波数成分
3. EMI フィルタの構成（素子数）と特性
4. 外部回路のインピーダンスとローパス型 EMIフィルタの特性
5. 定数と特性
（容量値やインダクタンス値とフィルタの特性）
6. ローパス型 EMI フィルタの選択方法

第4編 ノイズ対策の手法と対策部品 (2) ローパス型 EMI フィルタのコンデンサ
1. コンデンサで行うノイズ対策
2. ノイズ対策に使われるコンデンサの性能と選択
3. コンデンサの静電容量で決まる低減
4. コンデンサの ESL(残留インダクタンス) で決まる高域
5. コンデンサの ESR(直列等価抵抗) で決まる共振点付近
6. コンデンサの並列接続使用の落とし穴

第5編 ノイズ対策の手法と対策部品 (3) ローパス型 EMI フィルタのインダクタ
1. インダクタで行うノイズ対策
2. ノイズ対策に使われるインダクタの性能と選択
3. インダクタの浮遊容量と高周波帯域のノイズ除去性能
4. GHz 帯対応のインダクタ
5. インダクタの自己共振点と高域のフィルタ特性
6. インダクタの損失とノイズ対策
7. インダクタ活用の留意点

第6編 ノイズ対策の手法と対策部品 (4) コモンモードノイズの対策
1. コモンモードノイズとは何か
2. コモンモードノイズ発生のメカニズム
 2.1 モードの変換によるコモンモードノイズ発生のメカニズム
 2.2 差動伝送ラインにおけるコモンモードノイズの発生メカニズム
 2.3 スイッチング電源装置におけるコモンモードノイズ発生のメカニズム
 2.4 電波によるコモンモードノイズの発生メカニズム
3. コモンモードノイズをなぜ対策しなくてはならないのか
4. 対策部品で行うコモンモードノイズの対策
 4.1 コモンモードチョークによる対策
 4.2 フェライト・リング・コアによる対策
 4.3 バイパス・コンデンサによる対策
 4.4 チョーク・コイルによる対策
 4.5 絶縁トランスによる対策
 4.6 フォト・カプラによる対策

第7編 ノイズ対策の手法と対策部品 (3) インパルス性ノイズの対策
1. インパルス性ノイズとは何か
2. インパルス性ノイズの 2 つの障害
3. インパルス性ノイズの種類と対策部品
4. バリスタによるインパルス電圧を抑制する原理と制限電圧を下げる方策
5. バリスタの残留インダクタンスの影響
6. ノイズ対策部品自体の破壊と 2 次障害に対する配慮

第8編 ノイズ対策の手法と対策部品 (6) コンデンサで行う電源ラインのノイズ対策
1. DC 電源ラインで作られるノイズ
2. デカップリングコンデンサの考え方
3. デカップリングコンデンサの容量の決め方
4. デカップリングコンデンサ静電容量設計の手順制限電圧を下げる方策
5. 電源ラインのインダクタンスのデカップリングコンデンサの共振
6. 高速のデジタル回路へ電源を供給する電源ラインのノイズ
7. 高速のデジタル回路に電源を供給する電源ラインのデカップリングコンデンサ

第9編 ノイズ対策の手法と対策部品 (7) 共振防止対策部品によるノイズ対策
1. 「共振防止対策部品によるノイズ対策」とは何か
2. 共振のメカニズム
3. ダンピング部品で共振を抑えるノイズ対策
4. インピーダンスの整合で共振を抑えるノイズ対策
5. 共振防止部品によるノイズ対策の特徴と効果

第10編 ノイズ対策の手法と対策部品 (8) 対策部品で行う平衡伝送路のノイズ対策
1. 平衡伝送とは
2. 平衡伝送ラインでノイズが作られる
3. 信号の位相ズレとノイズ
4. 線路のインピーダンスバランスと放射
5. 平衡伝送路のノイズの発生を抑える方法
 5.1 コモンモード成分を抑制する方法
 5.2 コモンモード成分をノーマル成分に変換する方法
6. 差動信号伝送ラインではノーマルモードとコモンモード両モードのターミネートが必要

発行／科学情報出版（株）

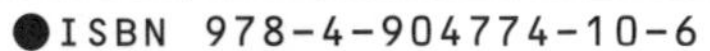

●ISBN 978-4-904774-10-6

近畿大学　小坂　学　著

設計技術シリーズ

mbedマイコンによるモータ制御設計法

本体 3,200 円＋税

発行／科学情報出版（株）

●ISBN 978-4-904774-04-5

大阪大学　平田　勝弘　監修

設計技術シリーズ

次世代アクチュエータ原理と設計法

本体 2,800 円＋税

発行／科学情報出版（株）

●ISBN 978-4-904774-06-9
千葉大学　阪田　史郎　著

設計技術シリーズ

M2M 無線ネットワーク技術と設計法

本体 3,200 円＋税

発行／科学情報出版（株）

●ISBN 978-4-904774-03-8

（一財）電力中央研究所　亀田秀之　著

設計技術シリーズ

保護リレーの基本原理と解析技術

本体 3,300 円＋税

発行／科学情報出版（株）

●ISBN 978-4-904774-02-1

京都大学 篠原 真毅
東京大学 小柴 公也 著

設計技術シリーズ

ワイヤレス給電技術

本体 2,800 円＋税

第 1 章 . はじめに

第 2 章 . 電磁界の基礎
2.1 マックスウェルの電磁界方程式
2.2 波動方程式
2.3 電磁波のエネルギーの流れ

第 3 章 . 等価回路とインピーダンス
3.1 分布定数線路上の伝搬
3.2 入力インピーダンス

第 4 章 . 近傍界を利用したワイヤレス給電技術
4.1 長ギャップを有する電磁誘導
4.2 電力伝送効率
4.3 高Q値コイルを用いた電磁誘導
4.4 エネルギー移送の速度と方向性
4.5 周波数・インピーダンス整合

第 5 章 . アンテナによるワイヤレス給電技術
5.1 アンテナ
5.2 アンテナの損失
5.3 アンテナ利得とビーム効率
－遠方界でのワイヤレス給電－
5.4 ワイヤレス給電のビーム効率
－近傍界でのワイヤレス給電－
5.5 ビーム効率向上手法

第 6 章 . フェーズドアレーによるビーム制御技術
6.1 ビーム制御の必要性
6.2 フェーズドアレーの基本理論
6.3 フェーズドアレーを用いたビーム方向制御に伴う損失
6.4 グレーティングローブの発生による損失と損失抑制手法
6.5 グレーティングローブが発生せずとも起こるビーム制御に伴う損失
6.6 位相・振幅・構造誤差にともなう損失
6.7 パイロット信号を用いた目標位置推定
－レトロディレクティブ方式－
6.8 パイロット信号を用いた目標位置推定
−DirectionOfArrivalとソフトウェアレトロ－

第 7 章 . 受電整流技術
7.1 レクテナ－マイクロ波受電整流アンテナ－
7.2 レクテナ用整流回路
7.3 弱電用レクテナの高効率化
7.4 レクテナ用アンテナ
7.5 レクテナアレーの基本理論
7.6 レクテナアレーの発展理論
7.7 マイクロ波整流用電子管 −CWC−
7.8 低周波数帯における整流

第 8 章 . ワイヤレス給電の応用
8.1 はじめに－ワイヤレス給電の歴史－
8.2 携帯電話等モバイル機器への応用
8.3 電気自動車への応用
8.4 建物・家電等への応用
8.5 飛翔体への応用
8.6 ガス管等のチューブを移動する検査ロボットへの応用
8.7 固定点間ワイヤレス給電への応用
8.8 宇宙太陽発電所 SPS への応用

発行／科学情報出版（株）

●ISBN 978-4-904774-01-4

群馬大学　鳶島 真一　著

設計技術シリーズ

次世代自動車用 リチウムイオン電池の設計法

本体 2,600 円＋税

発行／科学情報出版（株）

設計技術シリーズ
回転機の電磁界解析実用化技術と設計法

2016年9月28日　初版発行

著　者　河瀬　順洋
　　　　山口　忠
　　　　北川　亘

発行者　松塚　晃医
発行所　科学情報出版株式会社
〒300-2622　茨城県つくば市要443-14 研究学園
電話　029-877-0022
http://www.it-book.co.jp/

ISBN 978-4-904774-46-5　C2054